U0157571

城市地下综合管廊
高效建造与运维

冯大阔　　王清山　　编著

中国建筑工业出版社

图书在版编目（CIP）数据

城市地下综合管廊高效建造与运维 / 冯大阔，王清山编著. — 北京：中国建筑工业出版社，2023.7 (2025.2重印)

ISBN 978-7-112-28962-2

Ⅰ. ①城… Ⅱ. ①冯… ②王… Ⅲ. ①市政工程-地下管道-管道工程 Ⅳ. ①TU990.3

中国国家版本馆 CIP 数据核字（2023）第 139718 号

本书共分为6章，第1章介绍了综合管廊基本概念、建设情况以及建造与运维技术发展；第2章介绍了现浇综合管廊高效建造技术，包括液压钢模台车施工技术、多舱多层综合管廊施工技术等；第3章介绍了预制综合管廊高效建造技术，包括分段预制装配式、分片预制装配式和叠合预制装配式综合管廊施工技术；第4章介绍了综合管廊"智慧线＋机器人"智能巡检技术和综合管廊全方位智慧管控平台；第5章结合实际工程介绍了现浇、预制、智慧运维综合管廊的应用情况；第6章对综合管廊发展进行了展望。

责任编辑：张　磊　杨　杰
责任校对：张　颖
校对整理：董　楠

城市地下综合管廊
高效建造与运维
冯大阔　王清山　编著

*

中国建筑工业出版社出版、发行（北京海淀三里河路9号）
各地新华书店、建筑书店经销
北京鸿文瀚海文化传媒有限公司制版
北京中科印刷有限公司印刷

*

开本：787毫米×1092毫米　1/16　印张：11¾　字数：289千字
2023年9月第一版　　2025年2月第二次印刷
定价：58.00元
ISBN 978-7-112-28962-2
（41648）

本书编委会

主　　编：冯大阔　王清山

副主编：卢春亭　鲁万卿　朱雨辰　毋存粮　翟国政

序

在社会经济建设不断发展的背景下，我国城市化的步伐也在不断推进。随着城市基础设施的完善，城市地下空间的利用也越来越频繁。为了有效提高城市地下空间的利用率，解决反复开挖路面、架空线网密集、管线事故频发等问题，建设城市地下综合管廊十分必要。综合管廊采用集中敷设管线方式，是市政管线由粗放向集约化方式发展的一种变革，节省了城市地下的宝贵空间资源，为城市的发展提供了一定的弹性。

自 2015 年 8 月发布《国务院办公厅关于推进城市地下综合管廊建设的指导意见》之后，我国城市地下综合管廊的建设开始大规模提速。《全国城市市政基础设施建设"十三五"规划》提出，"十三五"期间全国建设城市综合管廊 8000km 以上。2022 年 5 月，《国务院关于印发扎实稳住经济一揽子政策措施的通知》提出，因地制宜继续推进城市地下综合管廊建设。综合管廊建设和运维方兴未艾。

当前城市地下综合管廊建造仍以传统的明挖现浇法为主，该方法虽然技术成熟、难度低，但存在施工资源投入大、环境保护难度大以及施工工期较长等问题。随着国家碳达峰碳中和战略的提出，综合管廊的建造也应向着绿色化、高效化、智能化方向发展，迫切需要采用机械化、产业化、装配化等方式提高综合管廊建造的效率和质量。

随着越来越多城市地下综合管廊的建设完成，建成后综合管廊的运营维护也逐渐成为一个关注的热点。传统以人工巡检和定点监控为主的运维方式，存在运维效率低、运维费用高等问题，无法实现综合管廊安全、高效地运维。综合管廊的运维管理迫切需要引入新技术、新方法以提升管理效率和智慧化水平，降低运维管理成本。

本书主要集成和凝练中国建筑第七工程局有限公司多年来在城市地下综合管廊领域建造和运维的技术成果，全面阐述了液压钢模台车施工技术等现浇综合管廊高效建造技术和分段预制装配施工技术等预制综合管廊高效建造技术，综合管廊运维方面总结了机器人智能巡检技术以及智慧运维管理平台，并分析了相关技术在实际工程的应用效果，促进综合管廊工程高效地建造和运维。

　　本书作者撰写思路清晰，涉及内容全面，应用案例丰富。本书的付梓问世，将为我国今后城市地下综合管廊的绿色高效建造和现代化运维管理提供参考和借鉴，同时对从事该领域的工程技术人员和科研人员均有益处。

前　言

　　城市地下综合管廊是将城市生活必需的供水、供电、照明、通信、燃气、热力、雨水、污水等管线集成于地下隧道空间，可对城市管线进行现代化、集成化管理，能够显著改善城市"马路拉链"和"城市蛛网"现象，有效利用城市地下空间，解决城市地面设施拥挤、空间不足、线网交错、环境污染等问题，已成为城市高质量发展的重要途径。我国的城市地下综合管廊建设，从1958年北京市天安门广场下的第一条管廊开始，上海、广州、深圳、郑州等城市陆续建成规模较大的综合管廊工程，目前我国综合管廊建设规模和数量已超过欧美发达国家，成为了名副其实的综合管廊超级大国。

　　当前城市地下综合管廊既有技术与其快速发展形势不匹配，无法有效支撑综合管廊高效建造和智慧运维，存在结构施工效率低、工程质量控制难、环境保护难度大、运营维护粗放化等突出问题。本书主要结合中国建筑第七工程局有限公司等单位多年来在城市地下综合管廊领域的建造和运维经验，形成了现浇综合管廊高效建造技术、预制综合管廊高效建造技术以及综合管廊智慧运维技术等，实现了城市中心区综合管廊绿色高效建造和智慧精益运维管理，已在郑州经开区综合管廊、汉中兴元新区综合管廊、郑州市民文化服务区综合管廊等工程取得良好的效果。

　　本书共分为6章，第1章介绍了综合管廊基本概念、建设情况以及建造与运维技术发展；第2章介绍了现浇综合管廊高效建造技术，包括液压钢模台车施工技术、多舱多层综合管廊施工技术等；第3章介绍了预制综合管廊高效建造技术，包括分段预制装配式、分片预制装配式和叠合预制装配式综合管廊施工技术；第4章介绍了综合管廊"智慧线＋机器人"智能巡检技术和综合管廊全方位智慧管控平台；第5章结合实际工程介绍了现浇、预制、智慧运维综合管廊的应用情况；第6章对综合管廊发展进行了展望。

　　本书在编写过程中得到中建七局安装工程有限公司、中建七局第四建筑有限公司、中建七局交通建设有限公司、中建七局城市投资运营管理有限公司等单位的大力支持，提供丰富的综合管廊工程建造案例、运维案例等资料，并提出大量的宝贵建议。在此，编者对以上单位和相关人员一并鸣谢。

　　本书虽经多遍审校，但由于知识水平有限，工程经验不够丰富，书中难免有不恰当甚至错误的地方，恳请专家、同行和读者批评指正。

编者
2023 年 6 月

目　录

第1章

绪　论

　　城市地下综合管廊可对城市管线进行现代化、集成化管理，能够显著改善城市"马路拉链"和"城市蛛网"现象，同时能够有效缓解城市拥堵、设施拥挤、空间不足和环境污染等问题，已成为城市高质量发展的重要途径。城市地下综合管廊根据管线及舱室类型、主体结构施工工艺、截面形式等分为不同类型，综合管廊建造技术主要分为明挖法和暗挖法两大类，综合管廊运维技术也包括传统人工运维和依托机器人及智能化管理平台的智慧运维。当前国内外进行了大量的、各式各样的综合管廊规划建设和运营维护，有效推进了城市化进程和城市高质量发展。

1.1　城市地下综合管廊基本概念

1.1.1　综合管廊概念

　　城市地下综合管廊亦称共同沟、地下共同沟、综合管沟等，指建于地下用于容纳两类及以上城市地下管线（即给水、排水、热力、电力、天然气、通信、电视、网络等）的构筑物及附属设施，并设置专门的检修口、吊装口和监测系统，实施统一规划、设计、建设，共同维护、集中管理，形成的一种现代化、集约化的城市基础设施。

1.1.2　综合管廊组成

　　城市地下综合管廊主要由主体工程和附属设施工程组成。

1. 主体工程

　　综合管廊主体工程主要包括标准段（图1.1-1）、节点构筑物和辅助建筑物等。节点构筑物指保证管廊正常运行所需要的投料口、出入口、逃生口、通风口、管线分支口等，如图1.1-2所示。辅助建筑物

图1.1-1　综合管廊标准段

指监控中心、生产管理用房等，如图 1.1-3 所示。

(a) 出入口　　　　　　　　　　　　　　　　　(b) 逃生口

图 1.1-2　综合管廊节点构筑物

(a) 监控室　　　　　　　　　　　　　　　　　(b) 供配电室

图 1.1-3　综合管廊辅助建筑物

2. 附属设施工程

综合管廊附属设施工程主要包括消防设施、供电及照明设施、通风设施、排水设施、监控及报警设施和标识设施等。

（1）消防设施：在含有电力电缆的综合管廊舱室设置自动灭火系统，在综合管廊其他舱室、管廊沿线、人员出入口、逃生口等设置灭火器材。

（2）供电及照明设施：依据综合管廊建设规模、运行管理模式以及周边电源情况等，确定供配电系统接线方案、供电电压、供电点、供电回路数及容量，配备照明、接地及防雷设施。

（3）通风设施：采用自然或机械进风与排风相结合的通风方式，排出综合管廊内余热、余湿，保证综合管廊内设施正常运行和人员检修时空气质量。

（4）排水设施：排出综合管廊内由于管道维修、管道渗漏、设备调试等造成的积水。

（5）监控及报警设施：通过安全防范系统、通信系统、环境与设备监控系统、预警与报警系统、地理信息系统和统一管理信息平台，实现对综合管廊的实时智能监控。

（6）标识设施：工程简介、警告标识、设备铭牌、栏内警示、管线引出的地面标示桩等。

1.1.3　综合管廊特点

城市地下综合管廊具有综合性、长效性、可维护性、智能性、环保性、低成本性、抗震防灾性、投资多元性和运营可靠性等特点。

（1）综合性

综合管廊科学合理地开发利用地下空间资源，将各类市政管线集中布置，形成新型城市地下网络系统，使各种资源得到有效整合与利用。

（2）长效性

综合管廊设计使用寿命一般为 100 年，一般会预留发展增容空间，做到一次性投资，长期有效使用。

（3）可维护性

综合管廊预留巡检和维护空间，并设置人员设备出入口和配套保障的设备设施，方便检修和更换。

（4）智能性

综合管廊一般会设置智能化综合监控管理系统，采用以固定监测与移动监测相结合为主、人工定期巡检为辅的多种高科技手段，确保综合管廊内全方位监测、运行信息不间断反馈。

（5）环保性

市政管线按需求一次性集中敷设，避免反复开挖对城市环境的影响，并减少对交通出行的影响以及检查维修人员的影响。

（6）低成本性

综合管廊采取一次投资、同步建设、各方使用和共同受益的形式，避免多家报批、多头建设、重复开挖，降低和控制综合成本。

（7）抗震防灾性

市政管线集中设置于综合管廊内，有效提高抵御地震、台风、冰冻、侵蚀等多种自然灾害的能力。在预留适度人员通行空间条件下，兼顾设置人防功能，并与周边人防工程相连接，可发挥战时紧急避难、减少财产损失的作用。

（8）投资多元性

将过去政府单独投资市政工程的方式扩展到民营企业、社会力量和政府等多方面共同投资、共同收益的形式，发挥政府主导性和各方面积极性，有效解决筹资融资难度大的问题。

（9）运营可靠性

综合管廊内各专业管线间布局与安全距离依据国家相关规范，结合防火、防爆、管线使用、维护保养等要求设置分隔区段，并制定相关的运营管理标准、安全监测规章制度和抢修、抢险应急方案，为综合管廊安全使用提供技术管理保障。

1.1.4　综合管廊分类

1. 按管线及舱室类型分类

综合管廊根据容纳的管线及舱室特点，可分为干线综合管廊、支线综合管廊以及缆线管廊，如图 1.1-4 所示。

图 1.1-4　城市地下综合管廊示意图

（1）干线综合管廊

干线综合管廊通常设置于机动车道或道路中央下方，主要用于连接原站（如自来水厂、发电厂、热力厂等）。干线综合管廊内主要容纳高压电力电缆、给水主干道、热力主干道及信息主干电缆或者光缆等。干线综合管廊一般采用独立分舱型式，断面通常为多格圆形或箱形。综合管廊内设置有用于监测综合管廊内环境质量的传感器、通风、排水等附属设施设备，可供人员进出巡查。

（2）支线综合管廊

支线综合管廊通常设置于道路的两旁，主要用于容纳城市配给工程管线，将各种供给从干线综合管廊分配、输送至各直接用户。综合管廊内部设置工作通道，并配备各类附属设施系统。支线综合管廊多采用单舱或双舱型式，断面通常为矩形。

（3）缆线综合管廊

缆线综合管廊通常设置于人行道下方，主要用于敷设城市中电力、通信、道路照明等线缆，采用浅埋沟道型式，设置可开启盖板。缆线综合管廊内一般不设置监测综合管廊内环境质量的传感器、通风、排水等附属设施设备，其内部空间通常无法满足人员正常通行要求。缆线综合管廊断面一般采用矩形断面，路面仅设置用于施工作业的工作手孔。

2. 按主体结构施工工艺分类

综合管廊根据主体结构的施工工艺不同，可以分为现浇综合管廊（图 1.1-5）和预制综合管廊（图 1.1-6）。

（1）现浇综合管廊

现浇综合管廊为采用现场整体浇筑混凝土的综合管廊，主要是在施工现场进行基础施工、钢筋绑扎、模板支设、混凝土浇筑和养护的综合管廊。明挖现浇法是目前综合管廊施工最为常用的一种施工方法。现浇综合管廊具有强度大、整体性好、防水性能好等优点；但施工工期较长，且模板消耗量大。目前，有大量的工程师针对现浇综合管廊模板支设、混凝土浇筑等开展研究和优化，形成了高效的综合管廊现浇施工方法。

（2）预制综合管廊

预制综合管廊是将预制构件在现场装配而成的综合管廊，即将在工厂生产的综合管廊预制构件运输到施工现场组装成整体。预制综合管廊具有建造速度快、环境影响小、节约劳动力、提高工程质量等优点；但其核心的难题是预制构件的节点连接，以及由此带来的节点整体性不足和防水性不强等问题。按照预制构件的型式，预制综合管廊可分为分片预制综合管廊、分段预制综合管廊等。按照预制构件的连接形式，预制综合管廊可分为套筒灌浆装配式综合管廊、螺旋箍筋装配式综合管廊、环筋扣合装配式综合管廊、环扣叠合装配式综合管廊以及混合装配式综合管廊等。

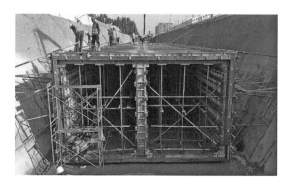

图 1.1-5　现浇综合管廊

图 1.1-6　预制综合管廊

3. 按截面形式分类

综合管廊根据主体结构标准段截面形式分为矩形截面、圆形截面和圆弧组合异形截面等形式。

（1）矩形截面综合管廊

综合管廊矩形截面形式包括单舱矩形截面、双舱矩形截面和多舱矩形截面，截面如图1.1-7 所示。矩形截面综合管廊能够充分利用内部空间，方便布线，适用性广，明挖时可采用现浇或预制，暗挖时宜采用顶管法施工。

（2）圆形截面综合管廊

圆形截面综合管廊一般需有混凝土基础底座，增加了综合管廊的整体稳定性，截面如图 1.1-8 所示。由于综合管廊是圆形截面，结构受力均匀，节省材料用量。但圆形截面综合管廊直径较小，舱体无法布置更多种类的管线，整体空间利用率较低。圆形截面综合管廊明挖时可采用预制装配，暗挖时宜采用盾构或顶管法施工。

图 1.1-7　矩形截面综合管廊

图 1.1-8　圆形截面综合管廊

图 1.1-9　圆弧组合异形截面综合管廊

（3）圆弧组合异形截面综合管廊

综合管廊圆弧组合异形截面结构受力合理，解决了圆形截面空间利用率低、高度受限等问题，具有质量好、施工快、接口密封性好等优点，截面如图 1.1-9 所示。但圆弧组合异形截面的不规则性增加了其受力计算和尺寸设计的难度，同时也对现场施工工艺提出了更高要求。施工时一般采用明挖预制施工。

4. 按主体结构材料分类

综合管廊主体结构一般以钢筋混凝土材料为主，近年来也出现其他材料类综合管廊，如钢制结构综合管廊（图 1.1-10）、竹缠绕综合管廊（图 1.1-11）和纤维复合材料综合管廊等。钢制综合管廊主体一般为镀锌波纹钢管，采用高强度螺栓紧固连接，内部安装承重圈梁及组装式支架等，内部做耐火处理，外部做二次防腐。竹缠绕综合管廊是以竹子为主要原料，采用热固性树脂做胶粘剂，通过缠绕工艺制作的新型综合管廊。纤维复合材料综合管廊主体一般为玻纤树脂复合材料，内部安装钢制式支架，接头处一般采用承插式连接。

图 1.1-10　钢制综合管廊

图 1.1-11　竹缠绕综合管廊

1.2　城市地下综合管廊建设意义

城市地下综合管廊是城市经济社会发展的必然要求，可以合理利用城市地下空间资源，提高城市防灾能力，美化城市环境，是城市高质量发展的重要途径。

1. 综合管廊是城市高质量发展的重要途径

经济的发展促进城市化水平的提高，进而引起城市规模的扩张和土地利用强度的提高。同时各类市政管线又需要日渐扩容，当管线扩容采用传统的直埋方式时，将导致城市道路的反复开挖，对城市交通造成严重影响，产生巨大的经济损失。综合管廊由于利用城市地下空间实现市政管线的集中敷设，可以从根本上解决管线扩容、维护等引起的"马路拉链"问题，是城市高质量发展和新型城镇化的重要途径。

2. 综合管廊是城市地下空间开发利用的重要方式

国内外城市建设的经验表明，合理开发利用城市地下空间资源是城市发展进程的必然趋势和必然结果。传统的管线直埋方式仅开发利用城市地下空间资源的最浅层，同时管线的大量敷设也导致了管线层地下空间的容量几乎已经达到饱和。综合管廊可以实现管线的集约化建设和管理，使城市地下空间的开发利用有序化，减少土地的占用，同时可以与城市地下空间统筹规划，最大限度地实现城市地下空间合理利用。

3. 综合管廊是改善城市环境的必然要求

随着经济的不断发展，人们对城市环境提出了越来越高的要求，一方面各种架空缆线严重影响城市的景观，另一方面管线的直埋方式极易引起道路的反复开挖。城市综合管廊能够显著改善"城市蛛网"和"马路拉链"现象，有效利用城市地下空间，解决城市地面设施拥挤、空间不足、线网交错、环境污染等问题，显著改善城市环境。

4. 综合管廊是城市防灾减灾的客观要求

城市中各种管线是城市的生命线工程，不仅对保证城市正常生产生活有着十分重要的意义，而且对城市防灾减灾能力的提升起到重大作用。与传统的直埋方式相比，综合管廊能够最大限度地减少地震、洪水等自然灾害或极端气候对综合管廊内管线的破坏，同时能够最大程度保护管线战时的毁坏，提高城市的综合防灾减灾能力，增强城市的安全等级。

1.3　城市地下综合管廊建设情况

1.3.1　国外综合管廊建设情况

城市地下综合管廊起源于十九世纪的欧洲，早在 1833 年法国巴黎有系统地规划排水网络，并开始兴建综合管廊，如今巴黎已经建成总长度 100km 的城市综合管廊网络。1861 年，英国伦敦修造了宽约 3.6m、高约 2.3m 的地下综合管廊。1890 年，德国也开始在汉堡建造地下综合管廊。之后，巴塞罗那、赫尔辛基、里昂、马德里、奥斯陆等诸多城市都研究并规划了各自的地下综合管廊网络。巴塞罗那的地下综合管廊网以环状布置为特色，马德里规划了总长 100km 的综合管廊筛形网络。

俄罗斯的综合管廊也相当发达。俄罗斯规定：在拥有大量现状或规划地下管线的干道下面，在改建地下工程设施很发达的城市干道下面，需同时埋设给水管线、供热管线及大量电力电缆的情况，在干道同铁路的交叉处等需敷设综合管廊。

20 世纪 20 年代，日本在东京市中心九段地区的干线道路下，将电力、通信、供水和煤气等管线集中敷设，形成东京第一条综合管廊。日本真正大规模地兴建综合管廊，是在 1963 年日本制订《关于建设共同沟的特别措施法》以后，自此综合管廊就作为道路合法的附属物，在由公路管理者负担部分费用的基础上开始大量建造。

1.3.2 国内综合管廊建设情况

1958 年，在北京天安门广场改造时，敷设一条长约 1km 的综合管廊。1994 年建成的上海市浦东张杨路综合管廊，总长度 11.125km，被称为"中华第一沟"，收纳有给水、电力、通信和燃气 4 种管线，配套较为齐全的安全设施和中央计算机管理系统。2006 年，在中关村（西区）建成了主线长 2km、支线长 1km，包括水、电、供热、燃气、通信等市政管线的综合管廊。

近年来，国家出台一系列的政策文件，通过政策和机制推动国内综合管廊的建设，综合管廊迎来建设高峰期。2013 年以来先后印发《国务院关于加强城市基础设施建设的意见》《国务院办公厅关于加强城市地下管线建设管理的指导意见》等政策文件，部署开展综合管廊建设试点工作。2015 年 8 月，国务院在《国务院办公厅关于推进城市地下综合管廊建设的指导意见》中从统筹规划、有序建设、严格管理和支持政策等四方面提出了十项具体措施。《全国城市市政基础设施建设"十三五"规划》提出，"十三五"期间全国建设城市综合管廊 8000 公里以上。《2022 年政府工作报告》指出，适度超前开展基础设施投资，继续推进地下综合管廊建设。2022 年 5 月，《国务院关于印发扎实稳住经济一揽子政策措施的通知》提出，因地制宜继续推进城市地下综合管廊建设，推动实施一批具备条件的地下综合管廊项目。

目前，我国城市地下综合管廊建设规模和数量已超过欧美发达国家，成为了综合管廊建设的超级大国。国内典型综合管廊案例见表 1.3-1。

我国城市地下综合管廊典型工程案例　　　　　　　　　表 1.3-1

序号	工程名称	典型记录	主要指标
1	天安门广场综合管廊	国内第一条综合管廊	1958 年，宽 4m，高 3m，埋深 7～8m，长 1km
2	上海张杨路综合管廊	国内第一条具有规模并已投入运营的综合管廊	1994 年，宽 5.9m，高 2.6m，双孔各长 5.6km
3	广州大学城综合管廊	国内已建成并投入运营，单条距离最长，规模最大的综合管廊	长 17.4km，断面 7m×2.8m
4	北京中关村西区综合管廊	国内首个已建成的管廊综合体，入廊管线最多的综合管廊	地下三层，9.509 万 m²，长 1.9km
5	上海世博会综合管廊	国内系统最完整，法规最完备，职能定位最明确的综合管廊	长 6.4km，国内首个 200m 预制装配试验段
6	沈阳南运河段综合管廊	国内首个全部采用盾构施工的综合管廊	长 12.8km，直径 6.2m，埋深 20m
7	包头新都市区经三、经十二路综合管廊	国内首个采用矩形顶管法施工的综合管廊	85.6m＋88.5m，7m×4.3m，埋深 6m
8	珠海横琴综合管廊	在海漫滩软土区建造完成，国内首个获鲁班奖的综合管廊	长 33.4km，包括单舱、双舱和三舱 3 种断面形式
9	六盘水综合管廊一期	国内首个 PPP 模式的综合管廊	长 39.69km，15 个路段
10	郑州经开区综合管廊	河南省首条综合管廊，具有分段和分片预制综合管廊试验段	长 5.56km，断面 6.55m×3.8m

1.4　城市地下综合管廊技术概况

1.4.1　综合管廊建造技术

目前，城市地下综合管廊施工技术主要分为明挖法和暗挖法两大类，其中明挖法总体包括明挖现浇施工技术和明挖预制装配施工技术，暗挖法总体包括顶进施工技术、盾构施工技术和浅埋暗挖施工技术。

随着城市地下综合管廊建设规模不断增大，综合管廊的施工技术也呈现多样性，尤其是综合管廊出现了多种结构型式及其施工方法。例如，现浇法出现了滑模现浇、液压钢模台车施工技术等，预制结构出现了全预制装配综合管廊、半预制装配综合管廊、叠合预制综合管廊、纤维混凝土综合管廊和钢制波纹管综合管廊等。尽管目前综合管廊施工技术多样，但从国内整体应用情况看，主要还是以传统的明挖满堂模板支架混凝土现浇、暗挖顶管与盾构等施工方法为主。

大量的施工企业和技术人员对综合管廊设计和施工进行了研究和应用，但仍难以满足综合管廊快速发展、高效建造的要求。未来，综合管廊建造技术将重点从规划设计、结构体系、模板支设和混凝土浇筑等方面进突破，提高施工效率，降低建造成本，符合国家绿色建造的政策导向，实现综合管廊高效率、高质量建造。

1.4.2　综合管廊运维技术

国内城市地下综合管廊建设起步较晚，直到 2015 年才开始大规模的建设。随着越来越多的综合管廊进入运营管理阶段，各种运营管理问题相继出现，其中高昂的运维费用使综合管廊运营管理单位入不敷出，不堪重负。综合管廊属于线性狭长隧道空间，且通常敷设在城市主干道下方，内部管线复杂，受影响因素众多，传统的综合管廊运维以监控班组、巡检班组和维修班组等进行检查，对于人工依赖过高，人工费占比过高，同时完全依赖人工管理的方式难以有效保障综合管廊安全、稳定、经济的运营。

为了提高城市地下综合管廊的建设和管理效率，在实际的规划设计中，可以构建智能信息化的城市地下综合管廊管理平台。智能化管理平台，可以将综合管廊在规划设计、施工建设和后期投入使用等不同阶段的特征纳入系统数据库中。借助动态化监管的模式，对综合管廊的实际变化随时进行监管和控制。

综合管廊后期运营维护的热点问题主要是智慧运维，但对智慧运维的理解缺乏统一的认识，使得各地政府、综合管廊运维单位等对综合管廊的监控运维的要求各不相同，综合管廊智慧运维的标准严重缺乏。同时，虽然目前在综合管廊传感器、自动巡检、数据采集、虚拟技术、监控平台等方面不断发展和进步，但真正基于 BIM 和 GIS 的综合管廊全方位智慧管控平台的开发和应用还较为落后。如何实现城市地下综合管廊安全、高效低成本的运维，将是综合管廊下一步发展所必须解决的问题，迫切需要综合管廊智能巡检技术和统一全寿命周期的智慧管理平台来提高综合管廊管理效率和质量。

第2章

现浇综合管廊高效建造技术

城市地下综合管廊明挖现浇法因综合造价低、技术成熟等原因应用最为广泛。传统的搭设满堂支架现浇技术虽然技术成熟、难度低，但存在模板、脚手架和人工等资源投入大、混凝土质量难控制、现场环境保护难度大以及施工工期较长等问题。随着综合管廊建造向着绿色化、高效率、高质量方向发展，采用机械化、产业化等方式加快综合管廊的建造效率、提升建造质量成为发展趋势。研发了型钢混凝土综合管廊等新型结构体系以及液压钢模台车、长线混凝土快速输送浇筑等设备，形成了液压钢模台车施工、型钢混凝土综合管廊施工、混凝土快速输送及浇筑等综合管廊明挖现浇高效施工技术，产生了良好的经济和社会效益。

2.1 复合土钉墙基坑支护技术

综合管廊是地下超长连续构筑物，整体埋置较深，且局部有可能受征地和周围构筑物的影响，不能放坡开挖，因此解决好垂直开挖支护是综合管廊基坑施工的关键。复合土钉墙基坑支护技术采用复合土钉墙支护结构，能有效控制基坑变形，解决了基坑不能放坡开挖的难题。

2.1.1 技术特点

（1）具有轻型、复合、机动灵活、适用范围广、支护能力强等优点，可作超前支护，并兼备支护、截水等效果。

（2）与土钉墙相比，对土层的适应性更强，几乎可适用于各种土层，如杂填土、新近填土、砂砾层、软土等；整体稳定性、抗隆起及抗渗流等稳定性大大提高，基坑风险相应降低；增加了支护深度，有效地控制基坑的水平位移等变形。

（3）与桩锚、桩撑等传统基坑支护方法相比，保持了土钉墙造价低、工期快、施工方便、机械设备简单等优点。

2.1.2　支护布置

郑州经济技术开发区综合管廊所处地层主要为粉土、粉砂等无黏性土，土层透水性较好。地下水位于原地面向下 7.0～9.6m，富水季节上升 3m 左右。综合管廊基坑深 10m 左右，安全防护要求高，基坑开挖难度大，同时综合管廊沿途穿越 20 条既有（或规划）城市道路、4 条铁路和 1 条河流，跨越 1 个地铁车站，施工中受到多种因素的干扰和制约，不能放坡开挖，必须采取垂直开挖支护措施。根据征地宽度及施工需要，施工便道位于基坑边缘处，重型车辆行走于便道，对边坡产生侧压力，须进行边坡加固。

工程采用复合土钉墙结构（微型桩＋土钉＋网喷）支护方案。开挖前打入微型桩对基坑进行超前支护，钢花管注浆对边坡内部松散砂土进行加固防止内部塌陷，挂网喷浆对边坡外层进行加固防止滑坡，基坑支护断面如图 2.1-1 所示。微型桩桩长 14.25m，桩径 350mm，混凝土强度等级为 C25，桩间距 1m。钢花管规格为 Φ42×3mm 钢管，设置七排钢花管土钉，水平、垂直间距均为 1.2m，呈梅花状布置，注浆采用 P·O42.5 水泥浆，水灰比为 0.5，注浆压力为 0.5～1.5MPa。钢花管土钉注浆后挂网锚喷，网片采用 1.5mm 厚 63mm×43mm 钢板网，加强筋采用 Φ14 钢筋，在钢板网片上与土钉焊接且网格形交叉布置，土钉外出头 25cm，喷射混凝土面层厚度不小于 50mm，强度不低于 C20。

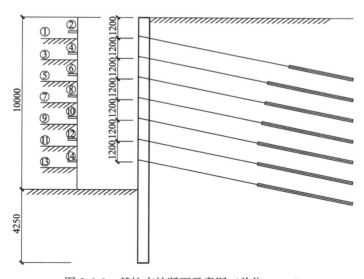

图 2.1-1　基坑支护断面示意图（单位：mm）

2.1.3　技术要点

1. 微型桩施工

（1）钻孔

场地平整后按设计要求进行桩位放线，桩位偏差不应大于 50mm；采用小型回转钻机和锚索钻机进行成孔施工，钻进过程中保持钻机垂直，垂直度偏差不应大于 1.0%。挖泥浆池形成泥浆循环系统，泥浆护壁应符合相关要求，泥浆比重<1.05，成孔达到设计深度后进行清孔。

（2）钢管安装

成孔清理干净后采用汽车吊缓慢下放钢管，防止钢管刮碰孔壁造成塌孔。钢管若需要连接时采用 4 根 20cm 长的 Φ16 螺纹钢筋帮焊，接头焊接应密实、无焊渣无气泡。桩顶以上露出 100mm 的钢管，钢管垂直于桩中心处，垂直度偏差＜1.0%。钢管周围充填碎石，碎石粒径 5～10mm，均匀填注，严禁异物入孔，并振动钢管使碎石密实。

（3）注浆

在钢管下端 500mm 处打注浆孔，用胶布包裹；从钢管伸出端注入水泥浆，水灰比为 0.45～0.55，注浆压力不小于 0.8MPa；待浆液上升到孔口时停止注浆，及时从孔口进行补浆。水泥采用 P·O42.5 级水泥，水灰比为 0.5，水泥用量不小于 60kg/m。微型桩施工完成后应养护 48h 以上。

2. 土方开挖

土方开挖前，需先放好坡顶线、坡底线，经复测及验收合格后方可开始开挖。基坑开挖采用水平分段、垂直分层，每段约 15～20m，施工时先在周边挖开一条宽约 2.5m 的沟槽，提供工作面；然后再挖中间的土方，中间根据总开挖深度分层开挖，每层开挖深度不大于 2m，挖至距槽底标高 30cm 时，采用人工清挖至设计槽底标高。内侧边坡上的支撑端面采用人工开挖，并进行人工修坡。开挖土方时严禁扰动微型桩，防止桩位变化。

土方开挖应与土钉墙支护施工密切配合，开挖顺序、方法与施工部署相一致，土方开挖 24h 内完成土钉及喷射混凝土施工，对自稳能力差的土体采用二次喷射，随挖随喷，上一层土钉注浆完成后 48h 后再进行下层土方开挖。

3. 修理边坡

土方开挖完毕，根据设计要求放出边坡，并人工修坡整平。混凝土面层采用干法喷射，喷浆机将初步拌和的混凝土进一步搅拌均匀，并通过喷浆管使用高压风将料输送至喷头处，在喷头处加水喷至工作面。喷头与受喷面应保持垂直，距离宜为 0.6～1.0m。材料选用 P·O42.5 水泥，中砂，粒径不大于 10mm 石子，喷射厚度 50mm，强度等级 C20。喷射作业应分段分片依次进行，喷射顺序应自下而上。

4. 土钉施工

（1）钻孔

根据设计要求进行测量放线，标出准确的孔位；地下水位以上采用洛阳铲成孔，地下水位以下采用锚杆钻机成孔，成孔直径 110mm，水平间距 1.2m，孔位允许偏差 ±100mm，孔径允许误差为 ±10mm，孔深允许偏差 ±50mm。

（2）土钉安放

终孔验收合格后安放土钉，土钉采用 Φ42×3mm 钢花管，长度为 12m，水平间距 1.2m。钢管前端现场加工成尖锥状，管壁四周钻 6mm 压浆孔，孔间距 1.2m，呈梅花形布置。施工采用洛阳铲人工成孔，将钢管用人工或风钻顶入，外露 25cm，并用高压风将钢管内的砂土吹出。

（3）注浆

以不小于 0.6MPa 压力向安装土钉的孔内注入水灰比为 0.5 的 P·O42.5 纯水泥浆。注浆由里向外，将注浆管插入孔内距孔底 200mm 处，用编织袋封堵孔口，并在钻孔口部设置止浆塞，注满后保持压力 1～2min；在初凝前补浆 1～2 次，在注浆的同时将导管以匀速缓慢撤出，导管出浆口始终处于孔中浆体表面以下，排净孔中气体；土钉水泥掺量不小于 20kg/m，以保证浆液不外流，土钉与孔壁之间注满水泥浆。

5. 铺设钢筋网

注浆完成后，在边坡坡面上铺设 1.5mm 厚 63×43mm 的钢板网，网片之间搭接牢固，网格允许偏差±20mm，搭接长度不小于 300mm，搭接部分不做弯钩处理，接头截面错开率不小于 50%，保护层厚度不宜小于 20mm。在地表距边坡顶部 1.0m 处打一排深约 0.6m 的 Φ14 钢筋，间距 1.5m，并采用 Φ14 加强筋进行焊接。绑扎网片施工完成后，采用 Φ14 钢筋将土钉端部进行连接，在网片上与土钉焊接牢固。

6. 喷射混凝土面层

加强筋焊接完成后，向土中插入"U"形钢筋以固定钢筋网片，防止钢筋网片在混凝土喷射时出现强烈振动。喷射混凝土采用强度等级为 C20 混凝土，喷射厚度为 50mm；喷射顺序自下而上，喷头与土钉墙墙面应保持垂直，距离为 0.6～1.0m，且混凝土要求表面平整。喷射混凝土终凝 2h 后，要喷水养护，养护时间根据气温确定。

2.2　液压钢模台车施工技术

液压钢模台车（图 2.2-1）将传统模板系统内的钢管支撑架转换为整体的钢桁架，同时悬挂大型钢模板，配备液压系统和控制系统，实现整装整拆。台车主桁架下部设置钢轨和牵引装置，在拆模状态下，确保台车钢模体系可以整体行走。液压钢模台车与传统模板相比，浇筑功效更高，装模、脱模速度更快，用工量更小。液压钢模台车作为一种可移动的钢模架体系，实现了模板的快速移动和整体拆装，适用于明挖现浇综合管廊、管涵标准段及非标准段平直段施工。

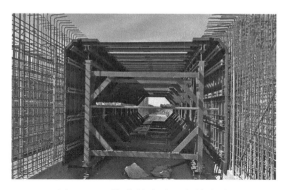

图 2.2-1　综合管廊液压钢模台车

2.2.1　技术特点

（1）液压钢模台车具有整体性强、稳定性好等特点，同时具有满堂支架尺寸灵活、安拆方便、造价低的优点。

（2）液压钢模台车与满堂支架相比，钢构门式支架的稳定性更好且支架不易变形，台车具有可移动性、机械化程度高等特点。

（3）内侧模和顶模均不用与台车分离，通过螺杆调节后与台车一起移动，节省大量的人工和机械。

2.2.2　工艺流程

液压钢模台车施工工艺流程见图 2.2-2。

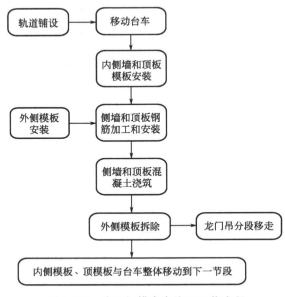

图 2.2-2　液压钢模台车施工工艺流程

2.2.3　技术要点

汉中兴元新区综合管廊项目位于陕西汉中市兴元新区，包括博望路和康定路两条综合管廊，总长 3.76km，综合管廊位于道路外侧的公共绿化带内，埋深 9～11m，局部达15m。综合管廊断面形式为单箱双室现浇钢筋混凝土结构，分为综合舱和电力舱。综合管廊作为汉中市兴元新区配套基础设施，主要收容 10～110kV 电力电缆、给水、再生水、热力管线以及通信缆线等，标准断面尺寸分别为 4.1m×4.2m 和 2.2m×4.2m，如图 2.2-3所示。

汉中兴元新区综合管廊采用的移动式液压钢模台车包括台车主体、内侧墙、顶板模板和移动行走装置，现场拼装完成效果如图 2.2-4 所示。台车钢构门式架单元采用工字钢焊接，现场采用纵梁和剪刀撑根据综合管廊两舱各自尺寸（4.1m×4.2m 与 2.2m×4.2m）按照 6m 一个标准块长组装台车，标准段综合舱台车宽 2300mm，电力舱台车宽 960mm。

1. 轨道铺设

测量放线定出综合管廊底板中线，对轨道定位，弹出轨道行走路线。根据行走轮直径和轮宽沿轨道行走路线铺设 14♯槽钢轨道，每隔 2m 进行固定处理，防止轨道偏移。

2. 移动台车安装

（1）台车门式架采用工字钢焊接，门架上横梁采用 20♯工字钢，立柱及下纵梁采用18♯工字钢，支撑采用 I14♯工字钢，剪刀撑采用 8♯槽钢，纵向剪刀撑间距 1500mm。液压钢模台车构造如图 2.2-5 所示。

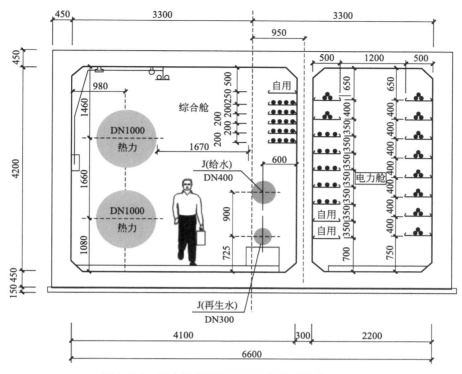

图 2.2-3　综合管廊标准断面示意图（单位：mm）

(a) 综合舱液压钢模台车

(b) 电力舱液压钢模台车

图 2.2-4　液压钢模台车实图

（2）台车移动到指定位置后，通过制动装置（制动阀）将台车制动，通过台车四角的千斤顶调节台车到设计高度，将台车底部的带有升降调节螺杆的支腿全部支撑在底板上，支撑台车、顶板模板和顶板混凝土重量，并将压力传递给综合管廊底板。台车导轨及行走系统如图 2.2-6 所示。

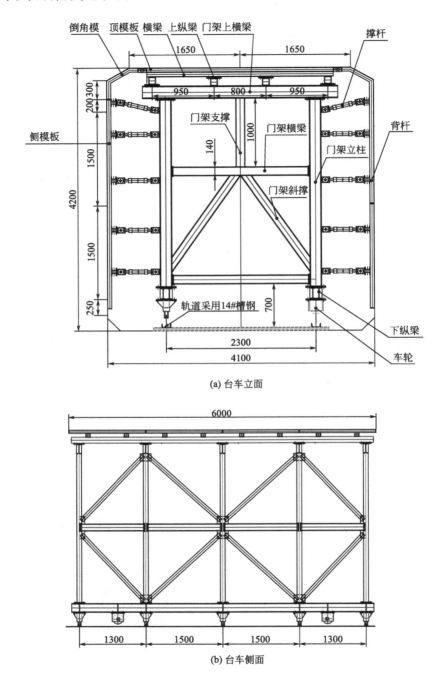

(a) 台车立面

(b) 台车侧面

图 2.2-5　液压钢模台车构造图（单位：mm）

3. 内侧墙和顶板模板安装

（1）侧墙模板与台车之间设置 4 层撑杆，撑杆每隔 750mm 布置一道。撑杆一端支撑在台车上，另一端支撑在模板背楞 8♯ 槽钢上，撑杆中间部分的双向调节螺杆可自由伸缩，调整侧模垂直度，校正侧墙模板，并承受混凝土浇筑时的侧向压力。侧墙模板支撑系统如图 2.2-7 所示。

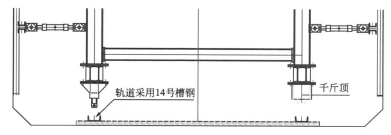

(a) 示意图

(b) 实物图

图 2.2-6　台车导轨及行走系统

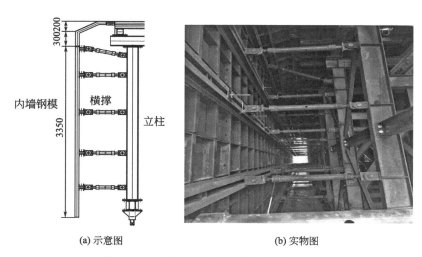

(a) 示意图　　　　　　　(b) 实物图

图 2.2-7　侧墙模板支撑系统（单位：mm）

（2）顶模板和台车的连接通过门架上横梁之上放置上纵梁和小横梁，上纵梁和小横梁均采用双拼 8♯ 槽钢。上纵梁间距分别为 950mm 和 800mm，横梁布置间距 750mm，横梁上铺设顶模板，顶模板宽 1500mm。顶板模板布置如图 2.2-8 所示。

（3）顶板模板主要由倒角模板、顶板平模组成。侧模和顶模通过顶板倒角模连接，如图 2.2-9 所示，顶板倒角模板尺寸为 400mm×200mm，水平段延伸 150mm，与顶板平模链接，竖直段延伸 300mm，与侧模板固定连接。

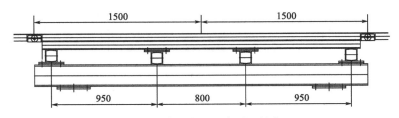

图 2.2-8　顶板模板布置示意图（单位：mm）

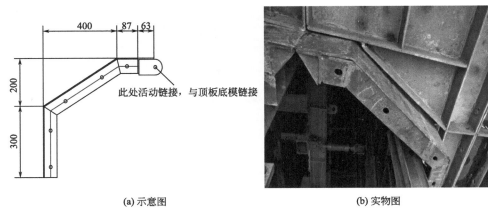

(a) 示意图　　　　　　　　(b) 实物图

图 2.2-9　顶板倒角模示意图（单位：mm）

由于综合管廊廊体腋角部位的混凝土较厚，为防止模板变形，在腋角部位增加斜向支撑杆一道，如图 2.2-10 所示。

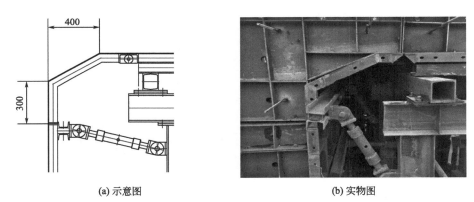

(a) 示意图　　　　　　　　(b) 实物图

图 2.2-10　腋角部位斜向支撑（单位：mm）

4. 外侧墙模板安装

外侧墙模板由 1500mm×1500mm 标准尺寸全钢模板、250mm×1500mm 小模板、400mm×200mm 倒角模板组成，面板 4mm 厚，边肋采用 60mm×8mm 扁钢。竖肋采用 60mm×40mm 方管，间距 300mm。横肋采用 60mm×5mm 扁钢，间距 300mm。对拉杆直径 Φ16，孔径 Φ18，间距 750mm，模板之间连接螺栓采用 M12×50。标准模板大样如图 2.2-11 所示。

18

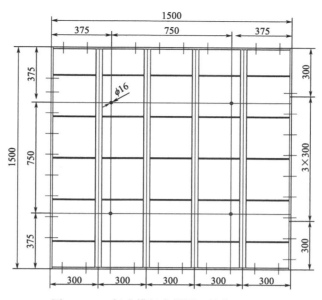

图 2.2-11　标准模板大样图（单位：mm）

（1）模板安装前先使用水准仪在底板导墙上定出侧墙模板底边线，并弹出墨线及控制线。

（2）先在地面将标准钢模板拼装成组合大模板，并做好编号，再用龙门吊配合人工将模板按编号顺序逐块靠墙拼装，用对拉螺栓固定。为满足防水需要，侧墙对拉螺栓采用带止水环的三段式拉杆，中隔墙采用 $\Phi16$ 直通式拉杆，间距为 750mm。拉杆端部采用限位钢板和 8♯槽钢背楞固定。

（3）钢模板在安装前要涂刷模板漆，不得使用废机油、色拉油等易造成模板面污染的油类隔离剂。混凝土浇筑前，对模板所有拼缝进行检查，对可能造成漏浆的拼缝用玻璃胶在模板外侧进行密封，清除模内焊渣、杂物，检查模板表面是否受污染，以保持混凝土表面颜色一致性，控制好混凝土结构外观质量。

（4）模板安装后仔细检查各构件是否牢固，预留孔洞、预埋件是否有所遗漏，安装是否牢固，位置是否准确，模板安装的允许偏差是否在规范允许范围以内，模板及支撑系统的整体稳定性是否良好，不留施工隐患。在浇筑混凝土的过程中，经常检查模板的工作状态，发现变形、松动现象及时予以加固调整。外侧墙模板安装如图 2.2-12 所示。

5. 侧模板校正和加固

（1）内侧墙模板的校正和加固除了对拉螺栓外，还依靠内模架台车的横向撑杆。对拉螺栓确定侧墙的厚度并保证不胀模，内模架台车的横向撑杆调节侧墙垂直度并确保侧墙在任何状态下不发生倾斜。内侧墙模板加固如图 2.2-13 所示。

（2）外侧墙模板的加固使用固定斜撑，斜撑采用 $\Phi48$ 钢管，钢管一端使用顶托支撑在钢模板方管背楞上，钢管另一端支撑在基坑边坡上，边坡支撑处放置三角钢垫板。固定斜撑竖直方向设置三道，分别对应外墙模板上、中、下三个位置，横向按照 3m 进行布置。外侧墙模板斜撑加固如图 2.2-14 所示。

图 2.2-12　外侧墙模板安装图

图 2.2-13　内侧墙模板加固图

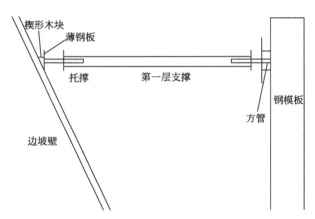
图 2.2-14　外侧墙模板斜撑加固示意图

6. 标准段模板拆除

（1）拆模时间按设计及规范要求执行，依据同条件养护的混凝土试块强度试验报告及现场施工要求，保证混凝土棱角不因拆模板而受损，以控制混凝土外观质量。

（2）外墙模板拆除，采用大模板分节整体拆除，将一个施工段的综合管廊外墙模板分成若干节（综合管廊 20m 标准段分 4 节），用龙门吊吊装整体向前移动到下一施工段。

（3）当顶板混凝土强度达到设计值的 75% 以上时，收缩侧墙水平撑杆或拆除撑杆一端，使侧墙模板通过顶板倒角铰接端脱离侧墙混凝土，然后旋转移动台车底部调节螺杆，台车下落，顶模脱离顶板混凝土，使行走轮下落到轨道槽钢内，通过牵引机缓慢移到下一节段。内侧模拆除如图 2.2-15 所示。

7. 质量控制

（1）为防止地基不均匀沉降引起混凝土开裂，除图纸设计特别注明外，原则上不超过 20m 设置一道沉降缝，并严格按设计要求做好沉降缝防水。

（2）为减少模板的拼缝，对于大面积的混凝土，其每块模板的面积不宜小于 $1m^2$，模

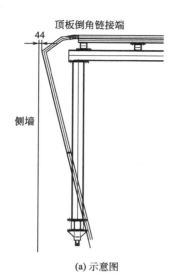

(a) 示意图

(b) 实物图

图 2.2-15　内侧模拆除图（单位：mm）

板内应无污物、砂浆及其他杂物。浇筑混凝土前，模板应涂刷同一种品牌的脱模剂。

（3）模板支架应稳定、坚固，应能抵抗在施工过程中可能受到的偶然冲撞和振动。支柱必须安装在有足够承载力的地基上，保证浇筑混凝土后不发生超过规范规定的允许沉降量。

（4）为满足侧墙和顶板模板支撑架安装搭设需要，综合管廊主体混凝土施工分两步进行，第一次浇筑底板和底板倒角以上 30cm 高的侧墙混凝土，第二步完成侧墙和顶板混凝土浇筑。

（5）液压钢模台车安装质量验收标准见表 2.2-1。

液压钢模台车安装质量验收标准　　　　　　　　　　　　　　　　表 2.2-1

序号	项目		允许误差（mm）	检查方法及工具
1	承力杆件	承力杆件垂直度	±3	吊线、钢卷尺
2		承力杆件标高	±3	水准仪
3		门架垂直度	≤10	吊线、钢卷尺
4	钢模板	液压油缸标高	≤3	水准仪
5		模板轴线与结构轴线误差	≤3	吊线、钢卷尺
6		截面尺寸	≤3	钢卷尺
7		拼装钢模板边线误差	≤3	钢卷尺
8		相邻模板拼缝高低差	≤3	平尺
9		模板平整度	≤3	靠尺
10		模板标高	±3	水准仪
11		模板垂直度	≤3	吊线、钢卷尺
12		背楞位置偏差	≤3	吊线、钢卷尺
13		台车净高	±3	钢卷尺

（6）模板工程质量验收标准见表 2.2-2。

模板工程质量验收标准　　　　　　　　　　　　　表 2.2-2

序号	项目		允许偏差(mm)	检查方法
1	轴线位移		3	用钢尺量
2	地膜上表面标高		±3	水准仪或拉线、用钢尺量
3	截面尺寸允许偏差		±3	用钢尺量
4	标高允许偏差		±3	
5	相邻两板表面高差		1	用钢尺量
6	表面平整度		2	靠尺、塞尺
7	垂直度		3	线尺
8	预埋铁件中心线位移		—	拉线、用钢尺量
9	预埋管、螺栓	中心线位置	3	拉线、用钢尺量
		螺栓外露长度	±10	
10	预留孔洞	中心线位移	±10	拉线、用钢尺量

2.3　多舱多层综合管廊施工技术

当前，对于结构简单的混凝土箱涵结构综合管廊，已有较为成熟的施工工艺与方法；而对于多舱多层、结构复杂的综合管廊施工技术不多。中环廊工程位于郑州市民文化服务区核心区中部，主通道分三层布置，上层为车行交通层，全长 1.99km，采用单孔箱涵形式；下两层为管廊层，全长 2.03km，设置在行车层下方，上为夹层（检修层）下为管廊层，结构标准断面如图 2.3-1 所示。

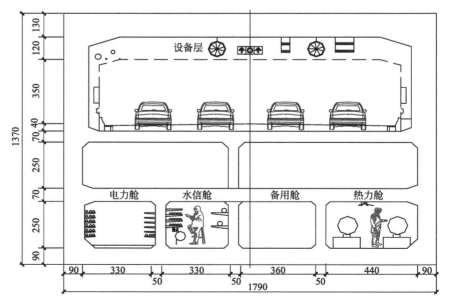

图 2.3-1　中环廊结构标准断面图

　　传统的混凝土箱涵结构支撑体系多采用常规的钢管脚手架加碗扣式支撑架，施工难度大、工期长、材料投入和消耗大，并且施工成本难以控制。中环廊主体结构管廊层采用了移动式液压钢模台车，行车层采用了承插型盘扣式支撑体系，侧墙模板均采用了组拼式大模板技术，有效地保证施工安全、质量、工期及成本。

2.3.1　技术特点

　　（1）管廊层采用移动式液压钢模台车施工，综合管廊舱室截面尺寸有效控制，质量保证高；施工难度大幅度降低，工作效率高；台车整体稳定性好，安全性高。

　　（2）行车层采用承插型盘扣式支撑体系，构件标准化程度高，构件损耗低，降低施工成本；大幅降低作业人员工作量，有效提高工作效率。

2.3.2　工艺流程

　　遵循"分块施工、分层浇筑、整体成型"的施工原则，同时考虑施工工艺、质量、安全、工期、成本等因素，主体结构施工采用综合顺序法施工。

　　综合管廊主体结构施工步骤主要分为五个阶段，混凝土浇筑如图 2.3-2 所示。

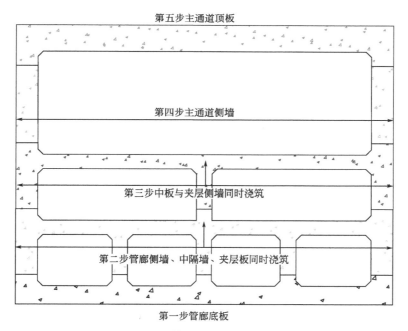

第五步主通道顶板

第四步主通道侧墙

第三步中板与夹层侧墙同时浇筑

第二步管廊侧墙、中隔墙、夹层板同时浇筑

第一步管廊底板

图 2.3-2　主体结构混凝土浇筑示意图

　　（1）第一阶段浇筑至管廊层底板以上侧墙 55cm 处。

　　（2）第二阶段浇筑至夹层板及夹层板以上侧墙 55cm 处。

　　（3）第三阶段浇筑至车行层中板及中板以上侧墙 55cm 处。

　　（4）第四阶段浇筑主通道侧墙至顶板以下 70cm 处。

　　（5）第五阶段浇筑主通道顶板。

　　综合管廊主体结构施工工艺流程见图 2.3-3。

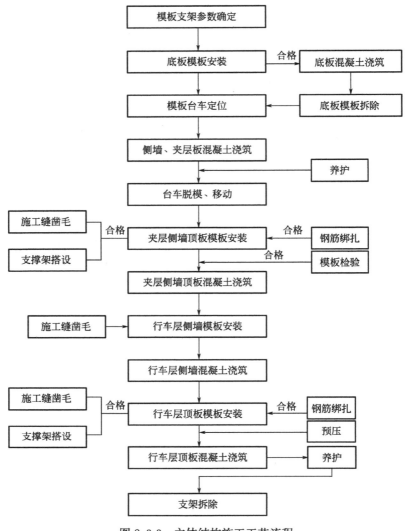

图 2.3-3　主体结构施工工艺流程

2.3.3　技术要点

1. 模板施工

（1）底板模板施工

底板模板采用组合钢模板，模板面板采用 5mm 厚的 Q235 钢板加工而成，横肋采用 10mm×80mm 扁钢，竖肋采用 1 根 8#槽钢，竖、横向间距为 40cm 布置。纵向主楞采用 2 根 Φ48×3.5mm 钢管，间距 60cm，模板固定采用 Φ16mm 对拉螺栓配合"山型"扣与模板外侧纵向背楞（钢管）连接固定，一端与底板主筋焊接连接，拉杆加装止水片。对拉螺栓按纵向间距 60cm、竖向间距 60cm 布设。

底板侧墙内侧掖角部分模板采用定型钢模板，纵向背楞采用 2 根 Φ48×3.5mm 钢管。模板固定采用 Φ16mm 预埋拉杆及"山形"扣连接在纵向背楞，拉杆纵向间距按 60cm 布

24

置。预埋拉杆一端与底板主筋采用焊接连接，拉杆外端头安装锥形橡胶头。拆模后，外露段孔洞按照防水拉杆方法进行处理，腋角以上部分侧墙、隔墙模板采用 $\phi16$ 止水拉杆对拉。底板腋角处模板安装如图 2.3-4 所示。

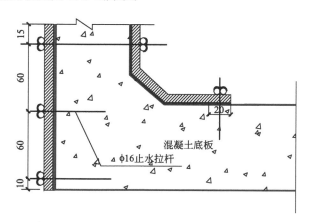

图 2.3-4 底板腋角处模板安装（单位：mm）

（2）管廊层台车拼装就位及模板安装

1）液压钢模台车拼装就位

液压钢模台车单节长为 6～7m，台车各部件严格按照图纸进行组装，组装完成并经检查合格后可投入使用。台车拼装长度应满足施工图纸节段划分长度要求，台车之间通过高强螺栓与模板边肋法兰进行连接。模板台车根据管廊层各舱室的中心线进行定位后，调节台车底部螺旋千斤顶及台车两侧双向调节丝杠至各舱室截面尺寸符合设计图纸要求。管廊层液压钢模台车断面如图 2.3-5 所示。

2）管廊层模板安装

管廊层内、外侧模板（包括管廊层顶板模板）均采用组合钢模板，外模板面板采用5mm 厚 Q235 钢板加工而成，横肋采用 10mm×80mm 扁钢，竖肋采用 1 根 8♯槽钢，间距 40cm。内侧模板面板采用 4mm 厚 Q235 钢板加工而成，横肋采用 50mm×50mm×4mm 方管，竖肋采用 8mm×50mm 扁钢，间距 40cm。

管廊层外侧墙模板采用 Φ16 止水拉杆与侧墙内外侧 2 根 Φ48×3.5mm 钢管对拉固定，拉杆纵向间距 60cm、竖向间距 90～100cm。第一道拉杆设置在底板预埋止水拉杆以上90cm，第二道拉杆设置在底板预埋止水拉杆以上 180cm，第三道止水拉杆布置在底板预埋止水拉杆以上 280cm 处。外侧墙模板固定如图 2.3-6 所示。

管廊层内模与次楞采用焊接连接，次楞为两根 8♯槽钢环绕结构侧墙顶板布置，间距750mm，侧墙内侧主楞采用两根 8♯槽钢沿结构纵向布置，间距 1065mm，与台车门架采用螺旋丝杆连接固定，丝杆间距 185mm。顶板主楞采用两根 8♯槽钢沿结构顶板纵向布置，间距 90～100mm，与台车门架采用焊接连接。内侧墙台车模板固定如图 2.3-7 所示。

（3）夹层模板安装及支架搭设

1）夹层侧墙模板安装

夹层侧墙内、外侧模板均采用组合钢模板，模板规格同管廊层模板。纵向主楞采用 2根 Φ48×3.5mm 钢管，中心间距 85～110cm。外侧模板采用四道 Φ16 止水拉杆固定在外

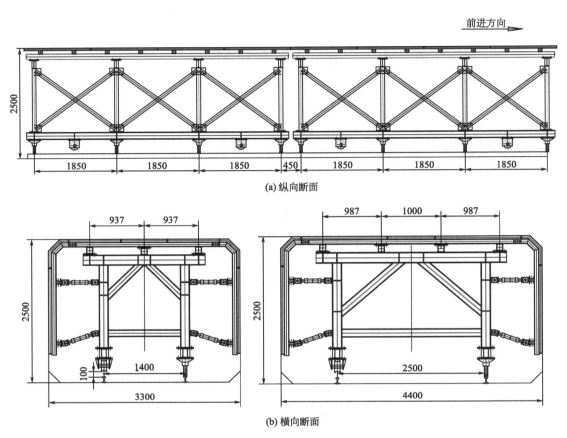

(a) 纵向断面

(b) 横向断面

图 2.3-5 管廊层液压钢模台车断面图（单位：mm）

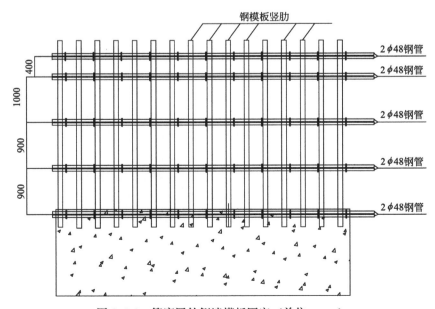

图 2.3-6 管廊层外侧墙模板固定（单位：mm）

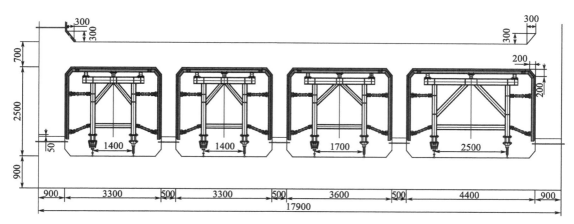

图 2.3-7 管廊层内侧墙台车模板固定（单位：mm）

模背楞之上，拉杆布置纵向间距 60cm、竖向间距 85～110cm。内侧模板固定采用两道 2 根 Φ48×3.5mm 钢管纵向布置与外模背楞对拉固定，钢管竖向间距 85cm。在侧墙外侧分别设置一道抛撑，抛撑采用 Φ48×3.5mm 钢管，沿结构纵向间距 60cm 布置，抛撑的一端组合顶托顶在外侧模主楞上，另一端组合底托顶在基坑坡面上。侧墙模板固定如图 2.3-8 所示。

2）夹层支架搭设

夹层支撑体系采用满堂碗扣式支撑架，采用 Φ48×3.5mm 钢管，支架间距为 0.6m（横）×0.9m（纵）×1.2m（步距）；结构腋角部分立杆及上下部横杆按要求加密，下部扫地杆距地面高度应小于 350mm。立杆底部设置可调底座，可调底座调节丝杆插入立杆内的长度应大于 15cm。立杆上端包括可调顶托至顶层水平杆的高度不得大于 0.5m，可调顶托丝杆插入立杆长度不小于 15cm。在支架底部、顶部分别设置一道夹层水平剪刀撑；沿结构纵向每隔 4 个纵向跨距设置一道夹层横向剪刀撑；从架体横向中心线每隔 6 个横向跨距设置一道纵向剪刀撑。支架搭设横断面如图 2.3-9 所示。

3）中板底模安装

中板底模采用 15mm 厚的竹胶板。次楞（纵向布置）采用 100×100mm 方木，中心间距 25cm；主楞（横向布置）采用 100mm×100mm 方木，中心间距 90cm。模板底由支撑架立杆支撑，顶托顶于底板模板主楞。中板下部腋角处模板采用定型组合钢模板，底部设支撑架立杆支撑。立杆横向布置按腋角的尺寸进行加密，加密杆采用扣件与水平杆连接。中板底模安装如图 2.3-10 所示。

（4）行车层模板安装及支架搭设

1）行车层模板安装

行车层侧墙内、外侧模板均采用组合钢模，背楞采用 2 根 Φ48×3.5mm 钢管，竖向中心间距 100cm。模板加固采用 Φ20 止水拉杆与模板内、外侧背楞对拉，模板顶采用 10cm 宽钢板对拉螺栓固定在钢模板的背肋上，中心间距为 60cm。止水拉杆纵向间距 60cm、竖向间距 100cm。在侧墙内外侧模板分别设置两道抛撑（Φ48×3.5mm 钢管），纵向间距 2m，抛撑一端位于墙体内外侧背楞上，一端位于结构中板及边坡之上。模板安装完毕如图 2.3-11 所示。

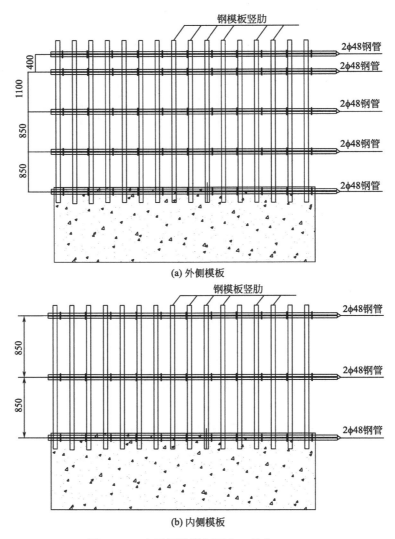

图 2.3-8 夹层侧墙模板固定（单位：mm）

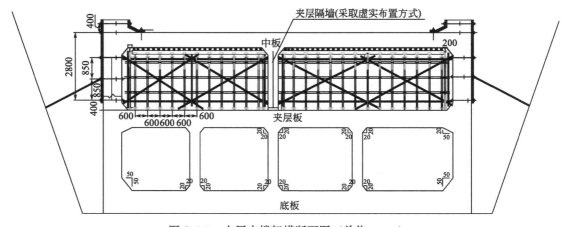

图 2.3-9 夹层支撑架横断面图（单位：mm）

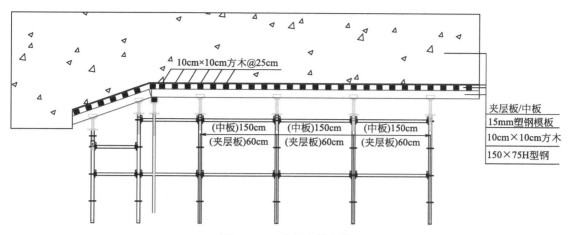

图 2.3-10　中板底模安装

图 2.3-11　行车层侧墙模板安装

2）行车层支架搭设

行车层支撑体系采用承插型盘扣式支撑架，如图 2.3-12 所示。

图 2.3-12　承插型盘扣式支撑架

立杆采用 ϕ60 钢管,水平杆采用 ϕ48 钢管,竖向斜杆采用 ϕ48 钢管。支撑架 1.5m (横) ×1.2m (纵) ×1.5m (步距) 布置。结构腋角部分立杆及水平杆按要求加密,立杆底部设置可调底座,可调底座调节丝杆外露长度不大于 300cm,最低层水平杆离地面高度不大于 550cm。立杆上端包括可调螺杆至顶层水平杆的高度小于 65cm,可调顶托插入立杆长度大于 15cm。掖角处立杆横向布置按掖角的尺寸进行加密。支架横断面如图 2.3-13 所示。

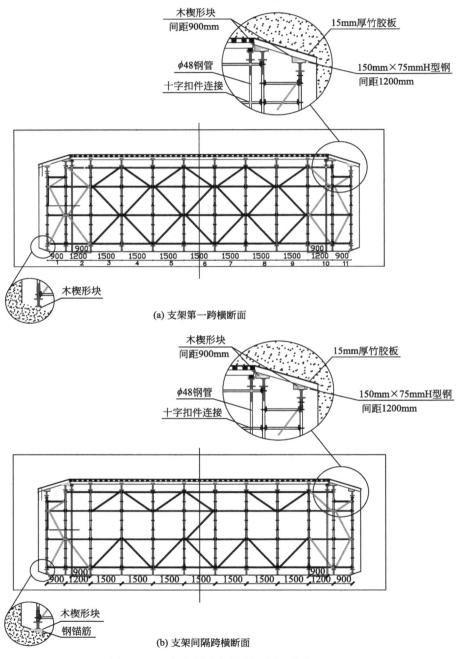

(a) 支架第一跨横断面

(b) 支架间隔跨横断面

图 2.3-13　行车层支架横断面图 (单位:mm)

3）顶板底模安装

顶板底模均采用 15mm 厚的竹胶板。次楞（纵向布置）采用 100×100mm 方木，中心间距 25cm；主楞（横向布置）采用 150mm×75mm 型钢，中心间距 120cm。模板底由支撑架立杆支撑，顶托顶于底板模板主楞。顶板底模安装如图 2.3-14 所示。

图 2.3-14　顶板底模安装

2. 混凝土浇筑

（1）侧墙混凝土浇筑

1）侧墙混凝土浇筑水平施工缝凿毛处理，润湿施工缝处混凝土至少 24h，以确保新旧混凝土结合紧密。

2）开始浇筑前铺一层 10～15mm 厚与混凝土同强度等级的水泥砂浆。

3）侧墙采用泵送混凝土浇筑，坍落度采用 140～160mm。

4）侧墙混凝土浇筑时，应从侧墙的同一端水平、对称、分层（每层 30cm 左右）同时浇筑，侧墙采用插入式振捣器振捣。

5）混凝土浇筑振捣时应分层振捣。每 30～40cm 设一插点，每点振动棒的前端插入前一层混凝土中，插入深度不应小于 50mm，振动棒应垂直混凝土表面并快插慢拔均匀振捣，不应漏振、欠振、过振。

6）混凝土振捣要达到内实外光，无露筋现象。

7）侧墙混凝土浇筑采用泵送浇筑，混凝土浇筑倾落高度应符合要求防止混凝土离析。粗骨料粒径大于 25mm 时倾落高度应小于 3m，粗骨料粒径小于 25mm 时倾落高度应小于 6m；当不满足要求时，应加设串筒、溜管、溜槽等装置。

（2）顶板混凝土浇筑

1）顶板混凝土浇筑前，应将模板表面杂物清理干净，模板表面应洒水湿润。

2）顶板采用泵送混凝土浇筑，坍落度采用 140～160mm。

3）混凝土采用插入振捣器进行振捣密实，在较密钢筋的地方振捣时，要注意振捣棒不能碰到钢筋，以免将钢筋振松。

4）混凝土从顶板一端由大斜面分层下料，分层振捣分层浇筑，每层约 400mm，采用"分段定点、一个坡度、薄层浇筑、循序推进、一次到顶"的方法避免出现施工冷缝。浇筑时任其斜向流动，层层推移，必须保证第一层混凝土初凝前进行第二层混凝土浇筑。

5）混凝土浇筑振捣时，每 30～40cm 设一插点，每点振动棒的前端插入前一层混凝土中，插入深度不应小于 50mm。插点交错排列移动，快插慢拔，不得久振、漏振。

3. 支架预压

（1）为保证施工支架稳定性，测定弹性变形量，使用前需对支架进行预压，预压重量为顶板自重和上部结构模板荷载的 110%。

（2）预压面积按标准节段单节段长 30m 净宽 15.5m 顶板厚 1.3m 考虑，预压位置设在荷载最集中的主体顶板处。

（3）按照主体结构标准断面顶板平面尺寸 30m×15.5m，纵向每 3.875m 设置一个断面，共 8 个；每个断面设置 5 个沉降观测点。观测点布置如图 2.3-15 所示。

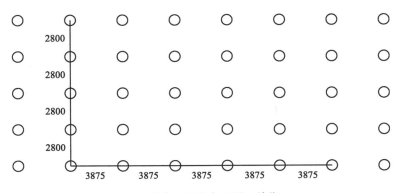

图 2.3-15　沉降观测点布置图（单位：mm）

（4）预压前测量 40 个观测点高程，然后用沙袋或钢筋逐步加载，加载分 60%、80%、100%三级，每级加载 12h 后方可对沉降量进行观测，连续两次沉降差平均值小于 2mm，方可加载下一级荷载。三级荷载加载完毕后，每隔 24h 观测一次，直至累计各测点沉降平均值小于 1mm 或连续三个测点沉降量累计小于 5mm，沉降观测完成。卸载后 6h 再次观测，计算前后两次沉降差，确定支架弹性变形。支架搭设过程将支架沉降值作为预拱值，然后根据实测预拱值调整立杆标高，消除支架弹性变形。

（5）预压注意事项

1）支架预压过程要防止局部产生集中荷载，支架顶部的重物均匀分布在整个节段顶面，预压过程中做好观测，严格按照观测方法和观测时间进行，发现异常情况及时上报，迅速针对异常情况作出处理。

2）采用沙袋法预压，沙袋逐袋称量，设专人称量、专人记录，称量好的沙袋一旦到位就采用防水措施，准备好防雨布。

3）要分级加载，加载顺序接近浇筑混凝土顺序，不能随意堆放，卸载也分级并测量记录。

4. 支架拆除

（1）冬季拆除时，根据现场实际情况，判断混凝土强度与时间的关系，防止过早拆除，破坏混凝土的强度及外观质量。

（2）大体积混凝土的拆模时间除应满足混凝土要求以外，还应使混凝土内外温差降低到 25℃以下时方可拆模。

（3）管廊层模板台车脱模，首先拆除止水拉杆，拆除外侧模板，调节门架两侧双向调节丝杆，在调节台车下部螺旋千斤顶，靠台车自重下落便可脱模。

（4）模板、支架拆除遵循后支先拆、先支后拆，先拆非承重、后拆承重部分的原则。

（5）模板、支架拆除时，从两端由外到里依次拆除。先将支柱上的可调上托松下，先拆上层排架，待上层模板全部运出后再拆下层排架。

（6）所有水平杆和剪刀撑必须随脚手架同步拆除，同步进行下降，禁止先行拆除。

（7）脚手架内必须使用电焊气割工艺时，应严格按照国家特殊工种的要求和消防规定进行执行。增派专职人员，配备水桶盛水，防止火星或切割物坠落易燃物造成火灾。

（8）大风、雨及大雾天气应停止支架拆除施工。

（9）拆除模板支架时应采用可靠安全措施，严禁高空抛掷。

（10）模板拆除时，不应对结构形成冲击，造成成品损坏。拆除的模板和支架管、扣件应分散堆放、及时运出，运出的模板应修整分类、堆放整齐，钢管、扣件应分类清理涂刷油漆堆放整齐。

5. 质量控制

（1）变形缝及施工缝防水处理

1）变形缝防水处理

变形缝严格按照设计要求施工，在结构的底板、侧墙、顶板均采用中埋式钢边橡胶止水带。中埋式钢边橡胶止水带在先浇段混凝土浇筑之前进行预埋，安装要牢固，避免浇筑和振捣混凝土时止水带位移影响止水效果。在后浇段混凝土浇筑之前变形缝处安装低发泡聚苯乙烯嵌缝板嵌缝，变形缝的内、外侧采用双组分聚硫密封胶封堵。

变形缝的迎水面采用外贴式橡胶止水带在结构变形缝周圈通长布设，有棱一侧要求面向混凝土方向放置。在浇筑混凝土过程中，将外贴止水带棱分两次先后镶入结构混凝土内，以达到封闭成环作用。

变形缝处外防水设置：底板采用 1.2mm 厚的高分子自粘胶膜防水卷材；侧墙采用 1.5mm 厚高分子防水卷材，外侧采用 50mm 厚聚苯乙烯泡沫保护板以点粘方式固定在卷材外侧；顶板采用 2mm 厚高分子防水卷材以及 100mm 厚 C20 细石混凝土保护层。顶板变形缝防水处理详见图 2.3-16。

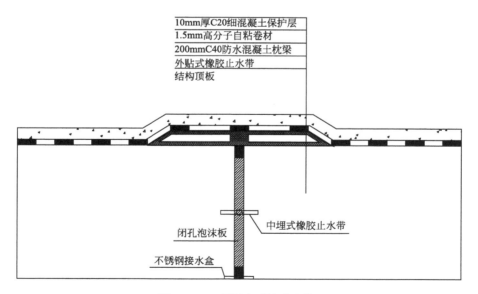

图 2.3-16　顶板变形缝防水处理

2）施工缝防水处理

从混凝土的结构和防水效果方面考虑均要求施工缝位置进行凿毛处理。首先凿除表面松散混凝土，凿出混凝土石子，并用水将其冲洗干净，并在已预埋好的钢边橡胶止水带两侧施工缝界面涂刷水泥基渗透结晶型防水涂料，如图2.3-17所示。

图2.3-17　施工缝涂刷防水涂料

施工缝防水采用镀锌钢板止水带，止水带采用焊接连接，在安装时定位要准确，焊接要牢靠，防止施工振捣混凝土时损害和挤偏止水带，侧墙外侧防水采用1.5mm厚高分子自粘防水卷材周圈包裹，将50mm厚聚苯乙烯泡沫保护板以点粘方式固定在卷材外侧，起到保护防水卷材的作用。侧墙施工缝防水处理详见图2.3-18。

（2）大体积混凝土施工

大体积混凝土施工必须考虑温度应力的影响，并降低混凝土内部的最高温度，减少其内外温差。温度应力的大小，又涉及结构物的平面尺寸、结构厚度、约束条件、含钢量、混凝土的各种组成材料的特性等多种因素。

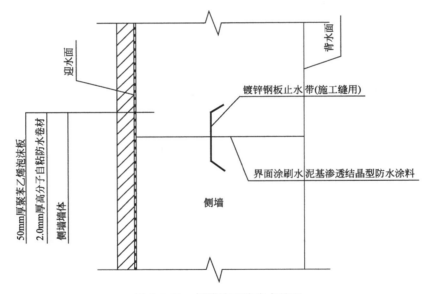

图2.3-18　侧墙施工缝防水处理

1）混凝土振捣

振动棒使用需统一方向，振捣时快插、慢拔，插点形式为行列式，插点距离500mm左右，每点振动时间约20～30s，以混凝土表面不再出现气泡为准，上、下层振动搭接50～100mm，每两台振动棒之间的交接部位，要注意互相渗透，防止漏振。

2）混凝土泌水处理

在浇筑、振捣过程中，上涌的泌水和浮浆将顺混凝土坡面下流到坡角坑底，垫层施工时，沿基坑纵向做成1/1000坡度，使大部分泌水顺垫层坡度流向结构端侧，人工再将泌水排出模板以外。

3）混凝土表面处理

混凝土浇筑至略高于设计标高时用铝合金刮杆将表面刮平，并用木、铁抹子进行抹压；在混凝土收浆接近初凝时，对混凝土面进行二次抹压，用地面打磨机全面仔细打磨两遍，既能增加混凝土平整度，使面层再次充分达到密实、与底部结合一致，以消除混凝土由初凝到终凝过程中由于收水硬化而产生表面裂缝，又能把其初期表面的收缩脱水细缝闭合，还可以解决由于表层钢筋下部水分的散失，造成的在表层钢筋上部的细小裂缝。

4）混凝土裂缝控制

① 采用 P·O42.5 矿渣硅酸盐水泥，为尽量减小水泥水化热，配合比设计时尽量减小水泥的用量。

② 为解决底板混凝土开裂和渗透问题，优化混凝土施工配合比，掺入适当外加剂以提高混凝土性能。

③ 混凝土浇筑时入模温度不宜大于 30℃，混凝土浇筑体最大温升值不宜大于 50℃。

④ 结构混凝土浇筑时内部相邻两个测点的温度差值不应大于 25℃。

⑤ 混凝土降温速率不宜大于 2.0℃/d。

2.4　型钢混凝土综合管廊施工技术

型钢混凝土组合结构是把型钢埋入钢筋混凝土中的一种独立的结构形式。由于在钢筋混凝土中增加了型钢，型钢以其固有的强度和延性，以及型钢、钢筋、混凝土三位一体的工作使型钢混凝土结构具备比传统钢筋混凝土结构承载力大、刚度大、抗震性能好等优点。型钢混凝土综合管廊是指将型钢混凝土结构应用于城市地下综合管廊中。型钢混凝土综合管廊施工技术是利用型钢预制的骨架，采用吊装方法，在现场进行混凝土浇筑，相对于传统的钢筋混凝土结构省去了现场钢筋绑扎的工序，具有施工效率高等优点。型钢混凝土综合管廊型钢框架如图 2.4-1 所示。

图 2.4-1　型钢混凝土综合管廊型钢框架

2.4.1　性能研究

为分析型钢混凝土综合管廊的安全性和可靠性，同时丰富城市地下综合管廊结构体系与高效建造技术，开展型钢混凝土综合管廊系列试验研究。

1. 原型尺寸

型钢混凝土综合管廊原型断面如图 2.4-2 所示，型钢框架见图 2.4-1。

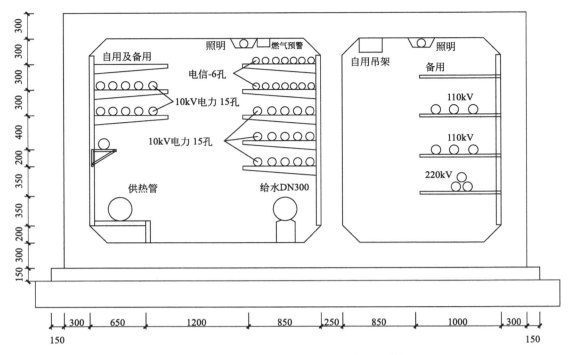

图 2.4-2　型钢混凝土综合管廊原型断面示意图（单位：mm）

原型结构的断面尺寸参数如下：

（1）高度：型钢框架高 3000mm；

（2）横断面尺寸：横断面长 5400mm；

（3）墙体厚度：外侧墙厚 300mm；

（4）钢框架左室净尺寸：长 2700mm，高 2400mm；

（5）钢框架右室净尺寸：长 1850mm，高 2400mm。

2. 缩尺模型制作

钢框架的结构形式和构造做法均采用与原型相同的方式制作，参照原型的尺寸参数，按照 1：5 的几何尺寸比例设计，得到缩尺整体试验模型。

缩尺模型的断面尺寸参数如下：

（1）高度：型钢框架高 600mm；

（2）横断面尺寸：横断面长 1080mm；

（3）墙体厚度：外侧墙厚 60mm；

（4）钢框架左室净尺寸：长 540mm，高 480mm；

（5）钢框架右室净尺寸：长 370mm，高 480mm。

水泥选用 P·O32.5 普通硅酸盐水泥，砂子为中砂，石子最大粒径为 15mm。用钢模成型，振动台振捣密实，24h 后脱模。露天覆草浇水养护 28d 龄期，自然放置 180d 后进行试验。试验前，采用 150mm×150mm×300mm 标准棱柱体试件，测得混凝土轴心抗压强度为 33.29MPa，混凝土初始弹性模量为 24600MPa。缩尺模型制作如图 2.4-3 所示。

  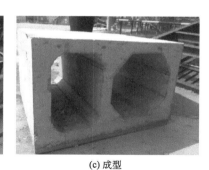

(a) 钢框架制作　　　　　　　　(b) 支模　　　　　　　　　(c) 成型

图 2.4-3　缩尺模型制作

3. 试验方案设计

（1）试验目的

开展型钢混凝土综合管廊 1∶5 缩尺模型静力加载试验，记录模型关键部位应变、位移和裂缝发展情况，揭示型钢混凝土综合管廊受力机理以及破坏模式，为型钢混凝土综合管廊结构的优化和工程应用提供理论支撑。

（2）试验设备

试验加载系统主要由 1 套空间可调加载框架、一套 100t 电液伺服静载作动器、1 套计算机控制器和 1 套液压油源组成。模型试验示意图见图 2.4-4。

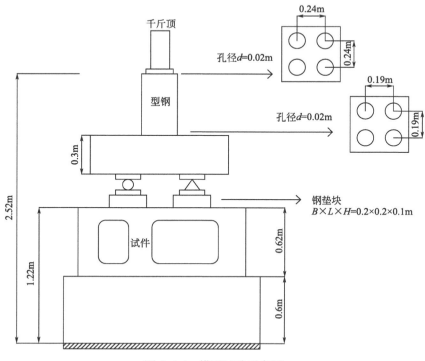

图 2.4-4　模型试验示意图

由于竖向加载千斤顶与试验模型间距过大且压力机反力顶梁不能上下移动，特制作钢管混凝土垫块作为传力装置。型钢垫块采用厚12mm的Q235钢管，钢管内浇筑C25混凝土。垫块高0.9m，上部四个圆孔径2cm、孔距24cm，下部四个圆孔径2cm、孔距19cm，通过螺栓分别与压力机和加载梁连接。现场钢管混凝土垫块如图2.4-5所示。

将型钢混凝土综合管廊1:5缩尺模型安装到试验台开展试验，试验整体设置如图2.4-6所示。

图2.4-5　钢管混凝土垫块　　　　　图2.4-6　缩尺模型静力荷载试验整体设置

（3）试验方案

1）水平加载试验

采用液压自平衡控制系统单独水平向施加荷载，测试模型在水平向条件下的应变、位移响应。水平加载如图2.4-7所示。

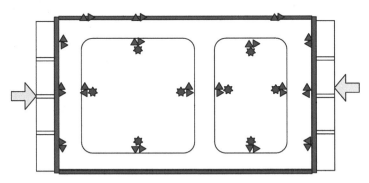

图2.4-7　水平加载示意图

2）竖向加载试验

采用液压自平衡控制系统单独在竖向施加荷载，测试模型在竖向条件下的应变、位移响应。

3）应变监测点布置

试验采用应变片测试模型在水平以及竖向荷载作用下的变形响应，试验选用DH3816

静态应变测试分析系统进行应变数据采集。

在模型顶端、侧面布置 L 形应变片和备用应变片共计 20 条。试验采用金属箔式应变片，具有线条均匀、尺寸准确、阻值一致性好等优点，应变片各项参数如表 2.4-1 所示。

应变片基本参数表 表 2.4-1

型号	BX120-100AA	栅长×栅宽	100×3mm
电阻值(Ω)	120±0.2	级别	A
灵敏系数	2.08±1%	批号	016062-01130
基底	胶基	数量	50

应变片标记为 1、2、3…10，备用应变片标记为 11、12、13…20，应变片布置如图 2.4-8 所示。

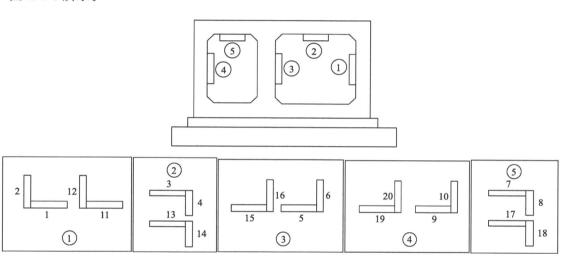

图 2.4-8 应变片布置示意图

模型经表面抛光打磨后进行应变片粘贴，模型左、右两个舱室粘贴完成的应变片如图 2.4-9 所示。

(a) 左舱室

(b) 右舱室

图 2.4-9 模型左右舱室应变片粘贴

4. 试验结果分析

（1）水平加载试验结果分析

水平加载试验是为了测试综合管廊模型在水平荷载作用下的变形响应。通过应变测试系统记录试验过程应变片数据，对水平荷载作用下模型的变形情况进行分析。应变变化曲线如图 2.4-10 所示。

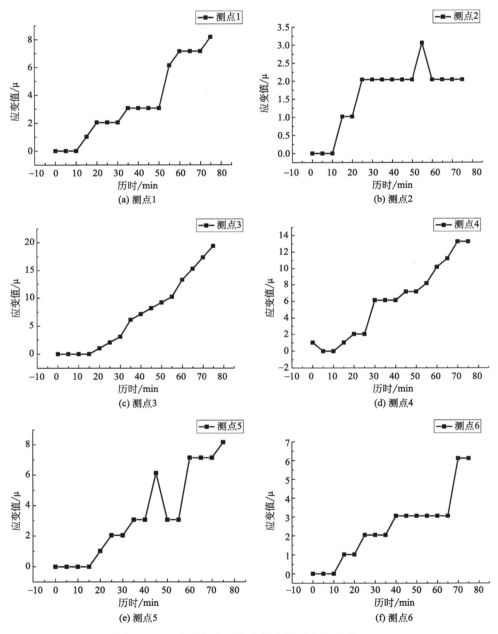

图 2.4-10　水平加载时综合管廊模型应变曲线（一）

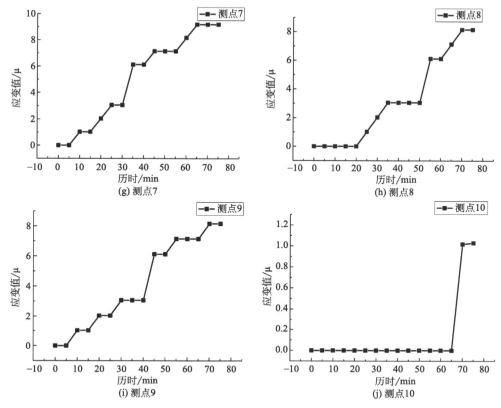

图 2.4-10　水平加载时综合管廊模型应变曲线 （二）

水平荷载施加最大值为 10kN，分 5 级加载。由图 2.4-10 可见，在水平荷载作用下，综合管廊模型变形随时间的增长不断增大，但模型不同位置应变特性各异。

模型侧壁：模型左舱室侧壁应变片编号为测点 9、10，右舱室侧壁应变片编号为测点 1、2。在受到水平力作用后，两侧壁产生向内侧的弯曲，两侧壁高度中间位置变形最大。由于施加水平荷载较小，垂直于模型长度方向的最大应变值仅为 8.3με，平行于模型长度方向的最大应变值不超过 3.5με。表明受到侧向水平力作用后侧墙高度方向变形量大，应该采取一定加固措施，防止实际工程应用由于土体压力或者道路车辆荷载产生的水平力作用下，内墙侧壁发生开裂。

模型中间隔墙：隔墙应变片编号为测点 5、6，在加载过程中，隔墙水平以及竖直方向变形量相差不大，最大应变基本在 7με 左右。表明受到水平力作用时，中间隔墙向右侧舱室一侧发生变形。分析其主要原因为右侧舱室较大，整体刚度较左侧舱室要小，因而发生向右侧变形。

模型顶板：模型左舱室顶板应变片编号为测点 7、8，右舱室顶板应变片编号为测点 3、4。在加载过程中，模型顶板发生向外侧变形，左侧舱室顶板最大应变值达 9.2με，右侧舱室最大应变值达 19.4με。右侧舱室产生较大变形的原因同样是因为右侧舱室整体刚度相对较小。因此，在水平力作用下顶板起主要承载作用，后期设计优化应针对顶板进行加强，保证在后期受力过程中不发生开裂。

由上述分析可知，水平力作用下模型顶板变形较为明显，中间隔墙也产生较大应变响应。为了防止综合管廊在实际受力过程发生开裂现象，局部应设置钢筋网栅，提高结构整体抗裂性能，防止较大荷载作用下出现深入内部的裂缝。

（2）竖向加载试验结果分析

1）应变分析

竖向静力加载试验过程，记录竖向荷载作用下综合管廊模型的应变响应。各测点在试验过程中的应变变化曲线如图 2.4-11 所示。

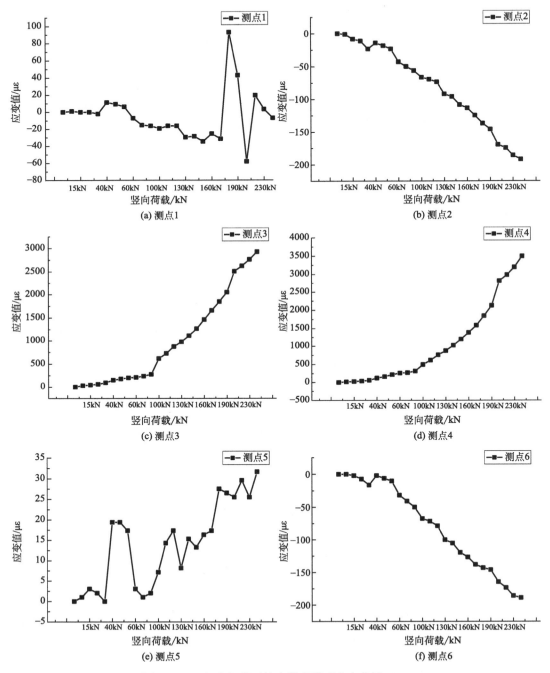

图 2.4-11　竖向加载时综合管廊模型应变曲线（一）

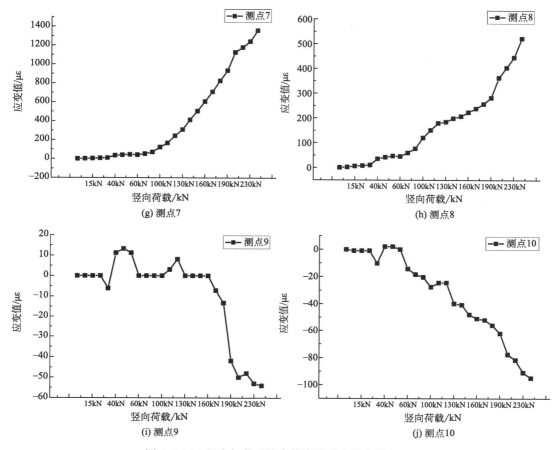

图 2.4-11　竖向加载时综合管廊模型应变曲线（二）

竖向荷载施加最大值为 240kN，分 24 级加载。由综合管廊模型应变曲线可见，在竖向荷载作用下，模型各个部位的应变特性各异。由于竖向加载试验为破坏性试验，因而整个试验过程中，模型关键部位的应变数值变化较大。

模型侧壁：模型左舱室侧壁应变片编号为测点 9、10，右舱室顶板应变片编号为测点 1、2。由应变数据可见，顶板受到竖向荷载作用时，两侧侧壁内侧同时发生压缩变形，即两侧内壁均发生向外侧弯曲变形，应变最大值达 $-191.92\mu\varepsilon$，10♯测点应变最大值为 $-94.94\mu\varepsilon$。右侧舱室侧壁应变值更大，表明竖向力作用下大跨度舱室一侧应变响应更强烈。

模型中间隔墙：隔墙应变片编号为测点 5、6。在竖向加载过程，中间隔墙水平向应变为正值，表明墙体水平向处于拉伸状态，但应变量较小仅为 $31.65\mu\varepsilon$；而竖向应变为负值且达到 $-188.85\mu\varepsilon$，表明中间隔墙在竖向力作用下产生向左侧的变形。分析其主要原因为左侧舱室较小，整体刚度较右侧舱室要大，因而在竖向力作用下发生向左侧变形。

模型顶板：模型左舱室顶板应变片编号为测点 7、8，右舱室顶板应变片编号为测点 3、4。在竖向力作用下，顶板的应变响应强烈，顶板正应变值随荷载增加而不断增大，表明顶板内侧处于受拉状态并不断发展。试验结束时，左侧舱室沿模型长度方向的应变值为 $522.67\mu\varepsilon$，垂直模型长度方向的应变值为 $1360.77\mu\varepsilon$；右侧舱室沿模型长度方向的应变值为 3491.25$\mu\varepsilon$，垂直模型长度方向的应变值为 2923.67$\mu\varepsilon$。

由上述分析可知，在竖向荷载作用下综合管廊模型应变最大区域位于顶板，两侧墙应变响应次之，中间隔墙应变响应最小。为了防止综合管廊在实际受力过程中发生开裂，局部设置钢筋网栅，提高整体的抗裂性能，同时根据上述应变响应规律进行优化设置，防止在较大力作用下出现深入内部的裂缝。

2）破坏过程分析

在竖向荷载加载到 40kN 时，右侧舱室外侧墙右下角和右上角混凝土发生两处开裂，如图 2.4-12 所示。经观测发现 1♯ 和 2♯ 裂缝开裂深度很浅，造成此裂缝的原因是模型为型钢混凝土结构，开裂处混凝土保护层太薄，而内部为光滑 H 型钢，在内部应力作用下造成表皮脱落，因而产生的裂缝不影响主体结构强度。在竖向力达到 45kN 时，1♯ 裂缝长度稍微延长后保持不变，2♯ 裂缝基本保持不变。

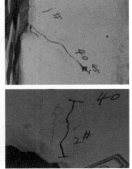

图 2.4-12　1♯、2♯ 裂缝

在竖向荷载加载到 120kN 时，右侧舱室外侧墙右下角出现 3♯ 裂隙，并伴有声响，如图 2.4-13 所示。3♯ 裂缝开裂长度约 0.8cm，裂缝宽度细小仅可见。在竖向力达到 140 kN 时，3♯ 裂缝进一步发育，并且在其右下方约 5cm 的侧壁边缘处，又出现一条长度约 1.2cm 裂缝。通过观察此类裂缝的两侧侧壁，并未发现裂缝贯通现象，造成此类裂缝出现的主要原因为竖向荷载作用下，舱室角隅处发生应力集中现象造成的混凝土开裂。

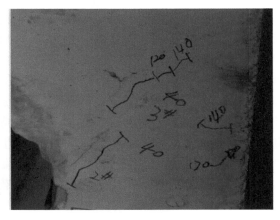

图 2.4-13　3♯ 裂缝

　　随着竖向荷载的进一步增大，在压力达到 160 kN 时，右侧舱室外侧墙体出现一条横向裂缝，裂缝几乎贯通整个模型长度，如图 2.4-14 所示。此裂缝开裂宽度为 0.04mm，裂缝深度接近模型混凝土的保护层厚度。在后续加载过程此裂缝宽度不断增加，试验最后裂缝开裂明显，试验结束时裂缝最宽处达 0.1mm。

　　在竖向荷载加载到 170 kN 时，右侧舱室右下方又出现两条裂缝，如图 2.4-15 所示。两条裂缝出现的原因与前述裂缝相同，都是由于局部应力集中造成的表层混凝土开裂。

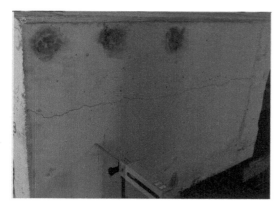

图 2.4-14　右侧外墙裂隙

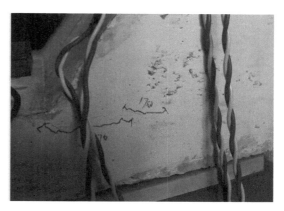

图 2.4-15　模型右下角裂隙

　　在竖向荷载加载到 180kN 时，模型顶板内侧 3♯测点应变片中间黏结胶体开裂，应变片周围出现一道纵向裂缝，裂缝起始位置接近竖向荷载作用的外侧，如图 2.4-16 所示。由试验结果分析发现，由于在竖向荷载作用下综合管廊模型竖向位移不同，导致荷载产生偏心作用，从而顶板上部承受压力出现集中现象，下部在受拉情况下出现裂缝。

(a) 第1条裂隙

(b) 第2条裂隙

图 2.4-16　3♯测点应变片附近裂隙

（3）试验结论

1）张拉裂缝更易出现

钢筋混凝土材料在使用过程中最容易发生张拉裂缝。相对于传统的钢筋混凝土结构，型钢混凝土结构在受到拉应力作用时，由于其特殊的内部配筋设置，结构更容易出现开裂现象。

2）型钢框架与混凝土结合差

型钢结构上未设置抗滑措施，在加载过程中，混凝土与内部型钢骨架易出现剥离现象，特别是混凝土与框架结构剪应力集中部位。

5. 结构优化

通过型钢混凝土综合管廊模型试验分析，针对型钢混凝土结构综合管廊需做进一步的优化改进：

（1）增加防裂钢筋格栅

由于型钢骨架表面光滑对混凝土变形的约束能力差，易产生张拉裂隙。可通过在型钢骨架外部布置钢筋格栅来提高结构抗裂性能。

（2）设置抗滑键

为解决型钢骨架不能有效"黏结"混凝土的问题，在钢骨架上布设抗滑键，从而改善混凝土与框架的黏结性能。

2.4.2 技术特点

（1）型钢混凝土综合管廊施工，先在场外焊接带有抗裂格栅和抗滑键的预制型钢骨架，然后吊装至现场进行混凝土浇筑，加快施工进度，减轻劳动强度。

（2）采用场外预制型钢骨架，型钢骨架分段处设有连接螺栓口，既可增强综合管廊整体稳定性，又可提高测量精度，减小测量难度。

（3）型钢混凝土综合管廊中型钢骨架具有高强度、易加工、提高整体稳定性等优点，可有效减小混凝土墙体厚度，减少混凝土用量。

（4）现场浇筑采用铝模板＋快拆体系的组合，不仅保证工程整体施工质量和良好观感度，同时有效缩短支模、拆模和模板周转的时间和次数。

2.4.3 工艺流程

型钢混凝土综合管廊施工工艺流程如图 2.4-17 所示。

2.4.4 技术要点

1. 型钢骨架制作

（1）焊接主要工具

电焊机（交、直流）、焊把线、焊钳、面罩、小锤、焊条烘箱、焊条保温桶、钢丝刷、石棉条、测温计等。

（2）焊接工艺流程

作业准备→电弧焊接（平焊、立焊、横焊、仰焊）→焊缝检查。

（3）焊接速度

要求等速焊接，保证焊缝厚度、宽度均匀一致，从面罩内看熔池中铁水与熔渣保持等距离（2～3mm）为宜。

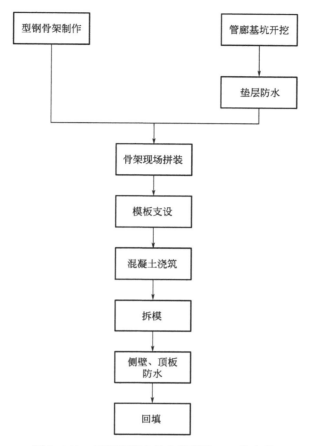

图 2.4-17 型钢混凝土综合管廊施工工艺流程

（4）焊接电弧长度

根据焊条型号不同而确定，一般要求电弧长度稳定不变，酸性焊条一般为 3～4mm，碱性焊条一般为 2～3mm。

（5）焊接角度

焊接角度根据两焊件的厚度确定，一是焊条与焊接前进方向的夹角为 60°～75°；二是当焊件厚度相等时焊条与焊件夹角均为 45°，当焊件厚度不等时焊条与较厚焊件一侧夹角应大于焊条与较薄焊件一侧夹角。

（6）钢结构为防止焊接裂纹应预热，预热以控制层间温度。当工作地点温度在 0℃以下时，应进行工艺试验，以确定适当的预热温度。

（7）焊缝表面不得有裂纹、焊瘤等缺陷。一级、二级焊缝不得有表面气孔、夹渣、弧坑裂纹、电弧擦伤等缺陷，且一级焊缝不得有咬边、未焊满、根部收缩等缺陷。

2. 垫层施工

基坑开挖完毕后，浇筑 20cm 厚的 C20 混凝土垫层，如图 2.4-18 所示。

（1）支设模板

放垫层控制线，支设垫层模板；垫层模板支设采用 Φ16 的短钢筋钉入土层加固，钉入

图 2.4-18 混凝土垫层浇筑

长度必须大于 300mm。

（2）找标高、弹水平控制线

支模完成后用水准仪抄平、矫正至基础垫层顶标高。

（3）浇筑混凝土

混凝土自高处倾落的自由高度不得超过 2m。浇筑混凝土的过程中应派专人看护模板，发现模板有变形、位移时立即停止浇筑，并在已浇筑的混凝土终凝前修整完好，再继续浇筑。振捣时须保证混凝土填满、填实。

（4）养护

已浇筑完成的混凝土垫层，应在 12h 左右覆盖和浇水，一般养护不得少于 7d。冬期施工时，环境温度不得低于 5℃。如在负温下施工时，所掺防冻剂必须经试验室试验合格方可使用。

3. 垫层防水卷材施工

（1）基层处理剂涂刷

用长柄滚刷将基层处理剂涂刷于基层表面，涂刷均匀不露底。基层处理剂涂刷完毕后，必须经 8h 以上干燥后方可进行防水卷材的铺贴。

（2）细部附加层施工

在转角处、阴角、阳角、施工缝、变形缝等特殊位置须铺贴一层 4mm 厚的 SBS 改性沥青防水卷材作为附加层，其宽度不小于 500mm。在立面与平面的转角处，卷材接缝应留在平面上，距立面不应小于 600mm。

（3）防水卷材施工

1）第一层 4mm 厚 SBS 改性沥青防水卷材铺贴，采用空铺法。卷材接缝施工时，一手用抹子或刮刀将搭接缝卷材掀起，一手持喷灯从搭接缝外斜面向里烘烤卷材，使卷材边缘粘接，边缘溢出 2mm 沥青胶为宜。防水卷材搭接长度 100mm，卷材接槎的搭接长度不应小于 150mm，两层应错槎接缝，上层卷材应盖过下层卷材。

2）第二层 4mm 厚 SBS 改性沥青防水卷材铺贴，采用热熔满粘法。上下两层和相邻两幅卷材的接缝应错开 1/3～1/2 幅宽，且两层卷材不得相互垂直铺贴，短边搭接缝应错开不小于 500mm。

综合管廊垫层卷材铺贴如图 2.4-19 所示。

4. 型钢骨架吊装

垫层防水铺设完毕后进行型钢骨架的吊装，考虑到型钢骨架自重较大，综合管廊型钢骨架设置为 5m 一个标准节段，通过后期预留的连接接口拼装成整体。

每个标准节段重约 7.5t，如图 2.4-20 所示。起重机根据吊装重量选用，吊装具体操作规程参照《建筑施工起重吊装工程安全技术规范》JGJ 276 执行。

图 2.4-19　垫层防水卷材铺贴

图 2.4-20　标准节段型钢骨架吊装

5. 综合管廊模板安装

型钢骨架吊装完成后进行综合管廊模板安装，现场浇筑采用铝模板＋快拆体系组合。铝模的早拆体系使混凝土浇筑完 12h 后可以拆除墙侧模，当混凝土强度达到设计强度 35％后，仅需保留原有支撑立杆，即可拆除顶模。在保证工程整体施工质量和良好观感的同时，有效缩短了支模、拆模时间和模板周转周期，实现了提质增效。

综合管廊墙体铝模板安装顺序：墙模板安装→安装顶板主龙骨及顶板→铝模板系统加固→综合验收。

（1）墙模板安装

1）所有模板安装均从角部开始，可使模板保持侧向稳定。当角部稳定以及内角模按放样线定位后继续安装整面墙模。为拆除方便，墙模与内角模连接时销子的头部应在内角膜内部。

2）封闭模板前，须在墙模连接件上预先外套PVC管，同时要保证套管与墙两边模板面接触位置准确，以便浇筑后能收回穿墙螺丝。

3）墙模板安装时，应随时支撑固定，防止倾覆。

4）墙顶边模和边角模与墙模板连接时，应从上部插入销子以防止浇筑期间销子脱落。安装完墙顶边模，即可在角部开始安装顶板模板，必须保证顶板模板混凝土接触边已涂脱模剂。

（2）主龙骨及顶板安装

1）安装完墙角模后，安装顶板主龙骨，并用支撑杆将顶板主龙骨调整到合适的高度。

2）顶板安装从角部开始，依次进行拼装。安装顶板模板时，每排第一块模板安装后，用销子将模板与横梁进行固定；放置第二块模板时暂不连接，以便为第三块模板留出足够的调整范围；待第三块模板放置好后，用销子将第二块模板与横梁进行固定。用同样方法放置此排剩余的模板。

（3）铝模板系统加固

顶板铝模拼装完成后进行墙铝模加固，即安装背楞加固穿墙螺杆。安装背楞及穿墙螺杆应在墙两侧同时进行；背楞及穿墙螺栓安装必须紧固牢靠，用力得当，不得过紧或过松，过紧会引起背楞弯曲变形，过松在浇筑混凝土时会造成胀模。穿墙螺栓的卡头应竖直安装，不得倾斜。

图2.4-21 综合管廊铝模板搭设

（4）综合验收

经实测实量及校正复查确认无误后，通知监理、建设单位进行综合验收，获得混凝土浇筑许可。现场搭设的铝模板如图2.4-21所示。

6. 综合管廊混凝土浇筑

（1）混凝土入仓下料不得冲击模板，卸料点与模板保持1～1.5m距离，严禁在预埋件部位直接下料。在水平钢筋网浇筑层下料时，一次卸料的堆料高度控制在50cm以下。

（2）采用大功率手持式振捣棒，按规定的振捣间距、振捣方向、振捣角度和振捣时间均匀有序地振捣。振捣时间以混凝土粗骨料不再显著下沉并开始泛浆为准，避免欠振和过振。

（3）混凝土应在初凝后开始覆盖养护，在终凝后开始浇水覆盖（如麻袋片、编织布等片状物）。冬期施工中混凝土养护可采取升温措施（如蒸汽养护）等提高混凝土凝结速度。

7. 模板拆除

（1）当混凝土强度达到1.2MPa，即可拆除侧模，一般情况下混凝土浇筑完12h后可以拆除墙侧模。先拆除斜支撑，后松动、拆除穿墙螺栓，再拆除铝模连接的销子和楔子，用撬棍撬动模板下口，使模板和墙体脱离。模板拆除时注意防止损伤结构的棱角部位。

（2）当混凝土浇筑完成后强度达到设计强度的35%后方可拆除顶模，以留置混凝土试件强度为准。顶模拆除先从板支撑杆的连接位置开始，拆除板支撑杆销子和连接件；然后拆除与其相邻板的销子和楔子；最后可以拆除铝模板。拆除顶模时确保支撑杆保持原样，不得松动。拆除完顶模后，接着拆除扫地杆和水平横杆，此时立杆不能拆除。

（3）支撑杆的拆除应符合《混凝土结构工程施工质量验收规范》GB50204 相关规定，根据留置的拆模试块来确定支撑杆拆除时间。拆除每个支撑杆时，用一只手抓住支撑杆，另一只手用锤向松动方向锤击可调节底托，即可拆除支撑杆。

综合管廊铝模拆除如图 2.4-22 所示。

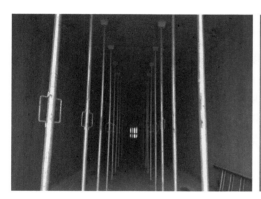

图 2.4-22　综合管廊铝模板拆除

8. 综合管廊主体防水

（1）施工工具

汽油喷灯、滑轮、刷子、压子、剪子、卷尺、扫帚等。

（2）基层处理

基层为水泥砂浆找平层，基层必须坚实平整，不能有松动、起鼓、面层凸起或粗糙不平等现象，否则必须进行处理。基层必须干燥，含水率要求在 9％以内，测试时在基层表面放一块卷材，经 3～5h 后如其下表面基本无水珠时即可施工。

（3）复杂部位处理

阴阳角部位均应做成八字形，对伸缩缝等拐角部位均应做附加层，一般每边宽度不小于 25cm，搭接为 10cm。

（4）卷材铺贴

首先从最低处开始铺贴，先将卷材按位置放正，长边留出 8cm 接槎、短边留出 10cm 接槎。然后点燃喷灯对准卷材底面及基层表面同时均匀加热，待卷材表面熔化后，随即向前滚铺卷材，并把卷材压实压平，接槎部分以压出熔化沥青为宜。最后再用喷灯和压子均匀细致地把接缝封好，防止翘边。综合管廊顶板防水铺设如图 2.4-23 所示。

图 2.4-23　综合管廊顶板防水铺设

2.5　混凝土快速输送及浇筑技术

综合管廊有一些地段为深基坑放坡开挖施工，受征地红线所限，两侧剩余空间较小，便道狭窄，不能满足汽车输送泵站位需要；汽车吊浇筑混凝土速度慢，托泵安装不便且灵活性差。针对综合管廊混凝土输送距离长、浇筑质量控制难等问题，可采用综合管廊长线混凝土快速输送及浇筑技术。

2.5.1　设备组成

长线混凝土快速输送浇筑设备采用高强度、轻量化、模块化杆件和组件，一端上方设置集料槽，通过支撑架调节倾斜角度；另一端设有挡料板，利于混凝土浇筑。利用 BIM 技术优化传输流程、角度和速度；采用高效复合型外加剂和串筒技术等措施防止混凝土离析，具有占地面积小、费用低、方向可变性强、施工便捷高效等优点。设备主要包括门架式混凝土输送装置和混凝土防离析装置，设备如图 2.5-1 所示。

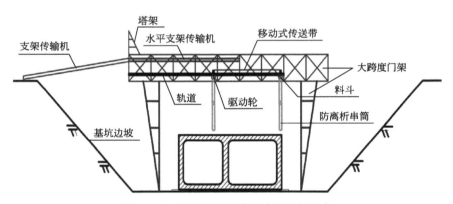

图 2.5-1　长线混凝土快速输送浇筑设备

1. 门架式混凝土输送装置

门架式混凝土双层皮带输送装置由皮带传输机和大跨度门架相结合，组建门架式双层皮带传输机。门架为双层钢桁梁结构，门架两侧支腿下端设电力驱动轮，在电力驱动轮下设置有行走轨道，使用时仅需接通电源便可控制电力驱动轮沿轨道方向纵向移动。门架高度需满足结构顶层混凝土浇筑和施工人员作业净空需要。

皮带传输机分为上、下两层，上层皮带传输机为固定支架式输送带，下层皮带传输机为移动支架式输送带。上层皮带传输机支架由两段组成，一段水平固定在门架横梁内，另一段伸出门架，搭设在基坑顶、便道边，可将混凝土由混凝土罐车输送至下层皮带传输机上。下层皮带传输机为双向传输，两端设置有料斗和防离析串筒，将混凝土输送至浇筑部位。行走轨道固定安装在门架下层钢桁梁上，平行于浇筑面，轨道长度为浇筑面宽度。现场门架式混凝土输送装置如图 2.5-2 所示。

图 2.5-2　门架式混凝土输送装置

2. 混凝土防离析装置

混凝土浇筑过程自由落差超过 2m 就会发生离析现象，混凝土离析是混凝土拌合物组成材料之间黏聚力不足以抵抗粗集料下沉，混凝土拌合物成分相互分离，造成内部组成和结构不均匀的现象。针对混凝土自由落体高差大产生的离析现象，通过混凝土防离析装置降低混凝土自由落差高度，混凝土下落过程给予缓冲作用，有效防止混凝土浇筑过程中产生离析。装置具有结构简单、安装方便、使用灵活、成本低廉等优点。

混凝土防离析装置包括若干个相互套置连接的防离析串筒，防离析串筒由混凝土出料口依次紧固搭接形成混凝土浇筑管路，实现混凝土浇筑。防离析串筒为上口径大下口径小的圆锥形铁皮筒，每个串筒上端设有挂钩，下端设有挂环，挂钩、挂环处均设有加紧劲圈。第一节串筒上端与混凝土出料口相接。混凝土浇筑由整体管路变为单节串筒接龙式输送，降低了混凝土输送过程中自由落差高度。串筒下端设有控制阀，控制阀由四块或四块以上扇形片阀瓣组成，使混凝土在下落过程中得到缓冲，混凝土出料可控。混凝土防离析装置如图 2.5-3 所示。

图 2.5-3　混凝土防离析装置示意图

2.5.2　技术特点

（1）混凝土输送装置下层皮带传输机左右两侧设置有电力驱动轮及行走轨道，皮带传输机可沿轨道在水平方向上任意移动，且皮带转动方向可变，能灵活调整混凝土浇筑部位，满足水平方向各部位输送混凝土。

（2）混凝土防离析装置大幅度降低混凝土浇筑时自由落差高度，可有效解决混凝土浇筑过程中离析问题。

（3）长线混凝土快速输送浇筑设备机械化程度高、操作灵活、效率高，解决了综合管廊基坑两侧便道狭窄无法满足汽车输送泵站位和混凝土输送浇筑，轮胎式起重机吊装浇筑混凝土速度慢、托泵安装不便、灵活性差等难题。

2.5.3 实施效果

通过采用长线混凝土快速输送设备及浇筑技术，实现了混凝土长距离、高质量输送，混凝土水平传输距离可达 45m，混凝土浇筑速度达到 35m³/h 以上，大大提高了混凝土浇筑效率和质量，确保了工程安全、质量和工期，产生了良好的社会效益和经济效益。

2.6 喷涂速凝橡胶沥青防水技术

常规涂刮法施工，由于混凝土微凹凸面存在、作业面灰尘覆盖及涂刷过程空气引入等，使涂料与作业面不能完全黏附，防水效果大大降低。喷涂速凝橡胶沥青防水技术是一种新型防水材料与新型施工工艺结合的防水技术，采用机械喷涂法施工，涂料通过高压雾状喷附到作业面，可同时将作业面的灰尘等处理掉，涂料的雾状微粒直接包裹混凝土微凹凸面及填充混凝土缝隙，达到真正意义的满粘、全包覆、完全密封，防水效果好；可在潮湿基面施工，固化速度快，凝胶时间不超过 10s，一次可喷涂 2mm 以上，提升施工效率，缩短工期，提高了防水质量。

2.6.1 技术特点

(1) 喷涂速凝橡胶沥青施工采用专业喷涂机械，喷涂后瞬间凝结成型橡胶薄膜，既保证了墙体防水，又大大节省施工成本和劳动力，缩短施工工期。

(2) 喷涂速凝橡胶沥青除主要采用喷涂施工方式外，也可采用刷涂、刮涂等涂装方式，满足对落水口、阴阳角、施工缝、结构裂缝等部位防水作业的特殊要求。

(3) 喷涂速凝橡胶沥青整个施工过程，无需加热，无明火，施工安全。

(4) 速凝橡胶沥青防水涂料在生产、使用和施工过程均不使用有机溶剂，冷制冷喷，无毒无味，无废气排放，无污染，环保节能。

(5) 速凝橡胶沥青防水涂料抗老化能力强，使用寿命 50 年以上；具有良好的低温柔韧性，在不低于 5℃ 环境下均可使用。

2.6.2 工艺流程

喷涂速凝橡胶沥青防水技术采用先进的高压冷喷技术施工，将速凝橡胶沥青涂料的两组分别通过两个枪嘴高压雾化喷出，呈扇形在枪口一定范围内交叉高速碰撞、混合，喷射到基面后在破乳剂的作用下瞬间凝聚破乳发生凝胶反应形成无缝、致密、高弹性的涂膜防水层，该涂膜可同时起到防水、防腐、防渗、防护的作用。

喷涂速凝橡胶沥青防水施工工艺流程见图 2.6-1。

2.6.3 技术要点

1. 基层清理

清除基层浮灰、松动物、油污、穿墙钢丝和钢筋尖凸，对混凝土表面外露的钢筋头进行打磨，使其和墙面平整。若基面破损、疏松或凹凸不平，或有较大的洞坑凹陷及大于

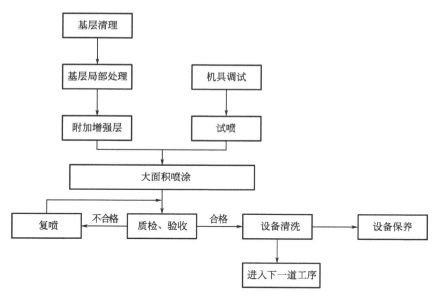

图 2.6-1　喷涂速凝橡胶沥青防水施工工艺流程

2mm 的缝隙，均要用 1：2.5 水泥砂浆抹平；重要部位使用水泥聚合物砂浆封堵，以提高基层强度，保证基面坚固、清洁、干净、无尘、无明水。

2. 基层局部处理

对于裂缝部位、外露钢筋头部位、施工缝、阴阳角、穿透防水层的管道、预埋件、水落口、出顶板的各种套管等构件处须设置附加防水增强层，可先预喷一道附加增强涂膜或粘贴宽度不小于 100mm 网格布进行加强处理，再喷涂常规速凝橡胶沥青。

3. 喷涂施工

基层验收合格、附加层处理完毕后，即可进行大面积喷涂速凝橡胶沥青防水涂料。喷涂前须试枪，按要求调节枪喷射角和输出量，喷涂要横平竖直交叉进行，均匀有序，膜厚 1.5mm 时一般连续交叉喷涂 3～4 次即可。现场速凝橡胶沥青防水涂料喷涂施工如图 2.6-2 所示。

图 2.6-2　喷涂速凝橡胶沥青防水施工

4. 质量检查、验收

一般喷涂施工 24h 后，防水胶膜基本成型干燥即可进入下道工序。采用专用胶膜卡尺现场验收胶膜厚度，测量时单项工程 5000m² 内验收：每 100m² 用卡尺检测不少于 2 处，取胶膜厚度平均数作为代表值，要求不小于设计值的 80%。单项工程面积大于 1 万 m² 可根据实际情况按倍数取值，且对防水细部构造处检查不少于 3 处。

第3章

预制综合管廊高效建造技术

城市地下综合管廊预制装配技术是指将综合管廊的主体结构分段或分片在工厂预制，然后运输到施工现场进行组装装配的一种绿色高效建造技术。预制装配技术具有建造效率高、资源浪费少、工程质量易保证、现场环境污染小等特点，符合国家装配式建造、绿色建造的政策导向，具有良好的经济效益和社会效益。结合综合管廊工程实际需要，研发应用了分段预制综合管廊、分片预制综合管廊、叠合预制综合管廊，形成了预制综合管廊高效建造技术，包括分段预制装配施工技术、分片预制装配施工技术以及叠合预制装配式施工技术等，可有效实现预制综合管廊高效率、高质量建造。

3.1 预制装配式综合管廊结构体系

预制综合管廊是将工厂生产的综合管廊预制构件运输到现场组装成整体的综合管廊。按照预制构件的形式，预制综合管廊可分为分段预制装配式综合管廊、分片预制装配式综合管廊等。按照预制构件的连接形式，预制综合管廊可分为套筒灌浆装配式综合管廊、螺旋箍筋装配式综合管廊、环筋扣合装配式综合管廊、环扣叠合装配式综合管廊以及混合装配式综合管廊等。这里重点介绍结合实际工程研发应用的分段预制装配式综合管廊、分片预制装配式综合管廊以及叠合预制装配式综合管廊。

3.1.1 分段预制装配式综合管廊

分段预制装配式综合管廊（图 3.1-1）是将综合管廊结构拆分为若干预制管节，在预制工厂浇筑成型后运输至施工现场，通过一定的拼缝结构构造使综合管廊形成整体，达到综合管廊结构强度和防水性能等要求。分段预制装配式综合管廊施工克服了全现浇综合管廊施工周转材料多、施工质量难以保证、环境保护难度大等问题。

分段预制装配式综合管廊根据主体结构标准段截面形式分为矩形截面、圆形截面和圆弧组合异形截面等形式；根据组装形式分为单舱、单舱组合多舱和直接预制多舱等，如图 3.1-2 所示。

图 3.1-1　分段预制装配式综合管廊

(a) 单舱

(b) 单舱组合多舱

(c) 直接预制多舱

图 3.1-2　不同组合形式分段预制装配式综合管廊

　　分段预制装配式综合管廊作为目前采用较多的预制综合管廊形式，在拼装接头和防水做法方面已经有了较多的研究和应用。采用较多的是柔性连接（双橡胶密封圈＋双组分密封膏）承插口结构形式，此类综合管廊称为承插式接口预制装配式综合管廊，可以较好地分散地基沉降的影响。采用预应力钢绞线张拉，应满足《城市综合管廊工程技术规范》GB 50838 中"预制拼装综合管廊拼缝防水应采用预制成型弹性密封垫为主要防水措施，弹性密封垫的界面应力不应低于 1.5MPa"等要求。

3.1.2　分片预制装配式综合管廊

　　分片预制装配式综合管廊（图 3.1-3）是将综合管廊主体结构分为顶板、底板、外墙、内墙等标准构件，在预制工厂进行高精度的构件生产，施工现场进行预制构件装配并通过现浇带连接为一个整体的综合管廊形式。分片预制装配施工技术充分体现了装配技术"标准化拼装"和"强节点连接"的特点，克服了分段预制装配施工技术运输吊装困难等难题，适用于单舱以及多舱综合管廊。

图 3.1-3　分片预制装配式综合管廊

分片预制装配式综合管廊构件长度宜按模数标准化设计，标准段长度宜为 3.5m、4m 和 4.5m；连接方式宜采用环筋扣合锚接式和环筋扣合与钢筋套筒灌浆混合式，如图 3.1-4 所示。分片预制综合管廊预制构件和套筒灌浆连接的设计应符合行业标准《装配式混凝土结构技术规程》JGJ 1 的相关规定。

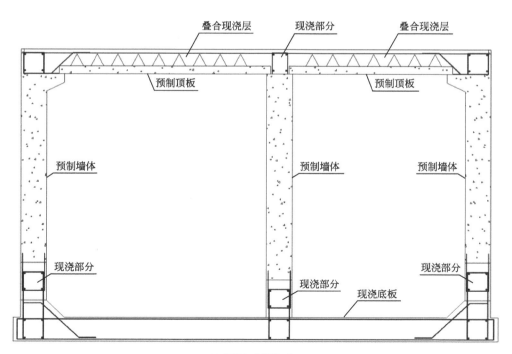

(a) 环筋扣合锚接式

图 3.1-4　分片预制装配式综合管廊连接方式（一）

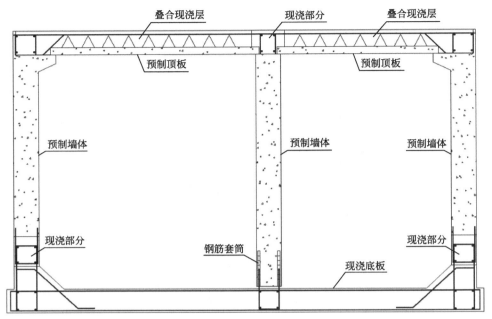

(b) 环筋扣合与钢筋套筒灌浆混合式

图 3.1-4　分片预制装配式综合管廊连接方式（二）

　　分片预制装配式综合管廊在郑州经济技术开发区综合管廊进行了试验应用。郑州经济技术开发区综合管廊总长 5.56km，分片预制装配式综合管廊试验段全长 14.2m，均为标准预制断面，拆分 3.5～4.5m 为一个标准节，分 3 节进行预制安装。通过三维有限元数值仿真方法，研究分析了分片预制装配式综合管廊预制墙、预制板的受力和变形性能，包括底板和外墙的连接节点、顶板和外墙的连接节点以及底板和内墙的连接节点的受力性能。

1. 结构尺寸

　　综合管廊断面形式为单箱双室现浇钢筋混凝土结构，外轮廓尺寸为 6550mm×3800mm，顶板、外墙厚度均为 300mm，管廊顶部距离地面埋置深度 2.5m，如图 3.1-5 所示。

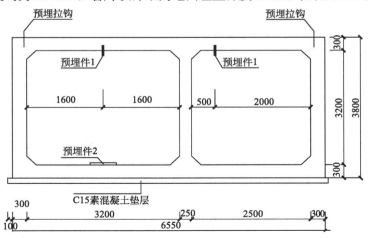

图 3.1-5　综合管廊断面示意图（单位：mm）

根据综合管廊受力方式，为提高外墙抗侧向能力，外墙水平连接采用环筋扣合锚接方式，通过构件端部留置的竖向环形钢筋在现浇节点区域进行扣合。考虑综合管廊内墙主要受压，为方便施工，内墙水平连接采用套筒灌浆方式，通过构件底部预埋的套筒和底板对应位置预埋的钢筋在套筒内进行灌浆。分片预制装配式综合管廊节点采用环筋扣合与钢筋套筒灌浆混合式连接。

预制墙、预制板混凝土强度等级均为 C30，抗拉强度设计值为 1.43MPa，抗压强度设计值为 14.3MPa；钢筋类型为 HRB400，弹性模量取 200GPa，钢筋屈服强度设计值为 360MPa。综合管廊拆分设计时，其整体受力模型与现浇构件设计相当；拆分时不改变综合管廊主体结构尺寸和配筋，将综合管廊拆分成片进行装配。综合管廊按 4.2m 作为一个标准节。外墙尺寸为 4200mm×300mm×3200mm，内墙尺寸为 4200mm×250mm×3200mm，叠合顶板尺寸为 2100mm×100mm×3010mm 和 2100mm×100mm×2710mm。

2. 模型建立

模型采用大型通用 Ansys 软件建立，网格划分采用映射划分方式。划分单元尺寸大小为 0.05m。预制墙、预制板模型选用 solid 95 单元，材料为 C30 混凝土，弹性模量为 3.0×10^4MPa，泊松比为 0.2，密度为 2500kg/m³。综合管廊的混凝土墙和板三维有限元模型如图 3.1-6 所示。

综合管廊布设钢筋，钢筋采用 link8 单元，钢筋类型 HRB400，弹性模量为 2.0×10^5MPa，泊松比为 0.3，密度为 7800kg/m³。钢筋有限元模型如图 3.1-7 所示。

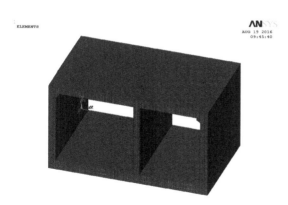
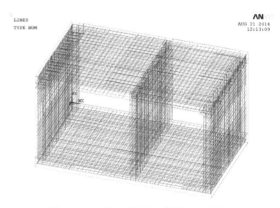

图 3.1-6　综合管廊有限元模型　　　　图 3.1-7　综合管廊钢筋有限元模型

为了充分体现综合管廊中钢筋在墙体、顶板和底板内的作用，有限元仿真将钢筋与混凝土进行耦合。耦合结果如图 3.1-8 所示。

3. 约束与荷载施加方法

静力分析边界条件：沿综合管廊两侧边墙底部走向，在底板与两侧边墙交线，一侧固支，另一侧简支。模型底面为固定边界，限制竖向和水平位移；侧面为滚轴边界，限制竖向位移，表面为自由边界。

计算分析采用静力等效法，考虑的荷载有结构自重、土压力、水压力以及活荷载；静力计算考虑最不利荷载组合，在综合管廊顶板和底板施加均布荷载，两边侧墙施加梯形荷

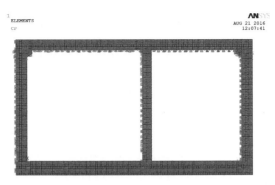

图 3.1-8　综合管廊钢筋与混凝土耦合模型

载，对综合管廊的强度和刚度进行相关验算。综合管廊荷载计算简图如图 3.1-9 所示（取单位板宽 1m 计算）。

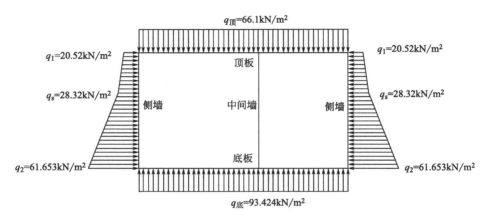

图 3.1-9　综合管廊荷载计算简图

4. 受力分析

（1）左顶板应力分析

在最不利荷载组合作用下，综合管廊左顶板 X 方向（水平方向）和 Y 方向（竖直方向）正应力分布如图 3.1-10 所示。由图可以看出，左顶板以受弯为主。在 X 方向上，最大拉应力为 4.50MPa；在 Y 方向上，最大拉应力为 2.14MPa。左顶板 X 方向和 Y 方向拉应力均大于混凝土轴心抗拉强度设计值，但远小于钢筋抗拉强度设计值，表明左顶板中部和端部位置的混凝土保护层将出现裂缝，但裂缝宽度很小。左顶板在 X 方向上，最大压应力为 10.00MPa；在 Y 方向上，最大压应力为 4.28MPa，均小于混凝土轴心抗压强度设计值，符合要求。

（2）右顶板应力分析

在最不利荷载组合作用下，综合管廊右顶板 X 方向（水平方向）和 Y 方向（竖直方向）正应力分布如图 3.1-11 所示。由图可以看出，右顶板以受弯为主。在 X 方向上，最大拉应力为 4.20MPa；在 Y 方向上，最大拉应力为 0.62MPa。右顶板 X 方向拉应力大于混凝土轴心抗拉强度设计值，但远小于钢筋抗拉强度设计值，表明右顶板在其中间侧墙节

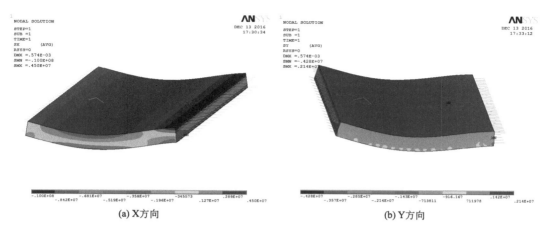

(a) X 方向　　　　　　　　　　　　　(b) Y 方向

图 3.1-10　综合管廊左顶板正应力分布

点混凝土保护层将出现裂缝，但裂缝宽度很小。Y 方向上的最大拉应力小于混凝土轴心抗拉强度设计值和钢筋抗拉强度设计值，受力情况良好。右顶板在 X 方向上，最大压应力为 8.71MPa；在 Y 方向上，最大压应力为 3.13MPa，均小于混凝土轴心抗压强度设计值，符合要求。

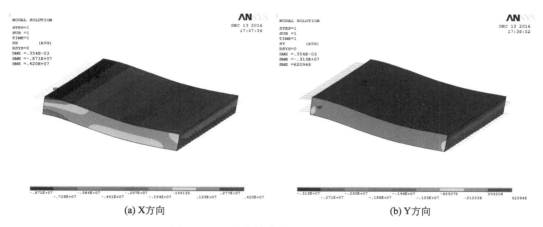

(a) X 方向　　　　　　　　　　　　　(b) Y 方向

图 3.1-11　综合管廊右顶板正应力分布

（3）左侧墙应力分析

在最不利荷载组合作用下，综合管廊左侧墙 X 方向（水平方向）和 Y 方向（竖直方向）正应力分布如图 3.1-12 所示。由图可以看出，左侧墙 Y 方向上的应力大于 X 方向上的应力。在 X 方向上，最大拉应力为 0.64MPa；在 Y 方向上，最大拉应力为 2.92MPa。左侧墙 Y 方向拉应力大于混凝土轴心抗拉强度设计值，但远小于钢筋抗拉强度设计值，X 方向拉应力小于混凝土轴心抗拉强度设计值和钢筋抗拉强度设计值。表明左侧墙在该荷载组合作用下，其节点位置附近的混凝土保护层将出现裂缝，但裂缝宽度很小。左侧墙在 X 方向上，最大压应力为 4.45MPa；在 Y 方向上，最大压应力为 9.39MPa，均小于混凝土轴心抗压强度设计值，符合要求。

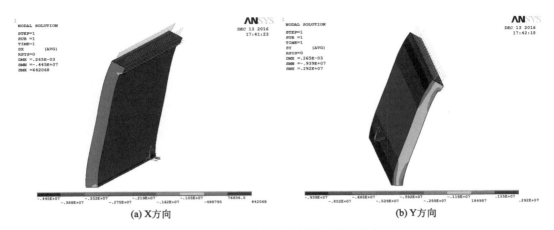

(a) X方向   (b) Y方向

图 3.1-12   综合管廊左侧墙正应力分布

（4）中隔墙应力分析

在最不利荷载组合的作用下，综合管廊中隔墙 X 方向（水平方向）和 Y 方向（竖直方向）正应力分布如图 3.1-13 所示。由图可以看出，在该荷载组合作用下，中隔墙在 X 方向上，最大拉应力为 0.83MPa；在 Y 方向上，最大拉应力为 0.77MPa。中隔墙 X 方向和 Y 方向拉应力均小于混凝土轴心抗拉强度设计值和钢筋抗拉强度设计值，表明中隔墙在该荷载组合作用下受力状况良好，不会出现裂缝，符合要求。中隔墙在 X 方向上，最大压应力为 5.25MPa；在 Y 方向上，最大压应力为 6.67MPa，均小于混凝土轴心抗压强度设计值，符合要求。

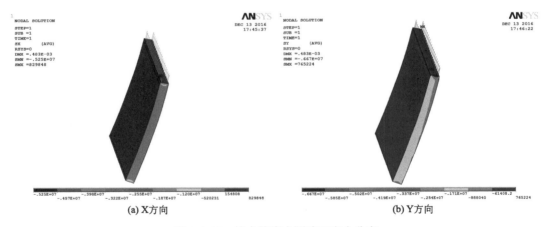

(a) X方向   (b) Y方向

图 3.1-13   综合管廊中隔墙正应力分布

（5）右侧墙应力分析

在最不利荷载组合作用下，综合管廊右侧墙 X 方向（水平方向）和 Y 方向（竖直方向）正应力分布如图 3.1-14 所示。由图可以看出，在该荷载组合作用下，右侧墙 Y 方向上的应力大于 X 方向上的应力。在 X 方向上，最大拉应力为 0.54MPa；在 Y 方向上，最大拉应力为 2.27MPa。右侧墙 Y 方向拉应力大于混凝土轴心抗拉强度设计值，但远小于钢筋抗拉强度设计值，X 方向拉应力小于混凝土轴心抗拉强度设计值和钢筋抗拉强度设计值。表明右侧墙在该荷载组合作用下，其节点位置附近的混凝土保护层将出现裂缝，但裂缝宽度很小。右侧墙在 X 方向上，最大压应力为 3.72MPa，在 Y 方向上，最大压应力为 7.48MPa，均小于混凝土轴心抗压强度设计值，符合要求。

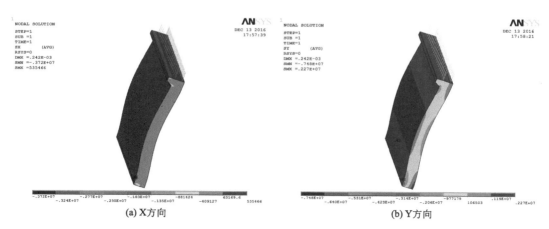

(a) X方向　　　　　　　　　　(b) Y方向

图 3.1-14　综合管廊右侧墙正应力分布

（6）底板应力分析

在最不利荷载组合作用下，综合管廊底板 X 方向（水平方向）和 Y 方向（竖直方向）正应力分布如图 3.1-15 所示。由图可以看出，在该荷载组合作用下，底板以受弯为主，在舱室中部位置承受负弯矩，节点处附近承受正弯矩。在 X 方向上，最大拉应力为 2.77MPa；在 Y 方向上，最大拉应力为 2.91MPa。底板 X 方向和 Y 方向拉应力均大于混凝土轴心抗拉强度设计值，但远小于钢筋抗拉强度设计值。表明底板在该荷载组合作用下，其节点位置和舱室中间位置的混凝土保护层将出现裂缝，但裂缝宽度很小。底板在 X 方向上，最大压应力为 7.36MPa；在 Y 方向上，最大压应力为 9.39MPa，均小于混凝土轴心抗压强度设计值，符合要求。

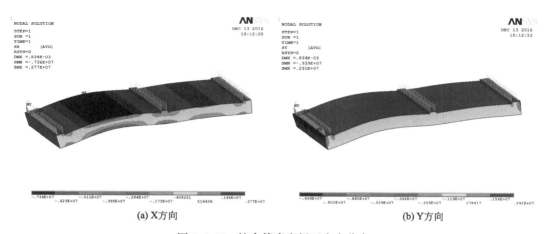

(a) X方向　　　　　　　　　　(b) Y方向

图 3.1-15　综合管廊底板正应力分布

5. 变形分析

(1) 左顶板变形分析

在最不利荷载组合作用下，综合管廊左顶板 X 方向（水平方向）和 Y 方向（竖直方向）的变形如图 3.1-16 所示。由图可以看出，在该荷载组合作用下，左顶板以受弯为主。左顶板 Y 方向上的变形大于 X 方向上的变形。左顶板最大变形量为 0.52mm，根据《混凝土结构设计规范》GB 50010，受弯构件变形限值为 $L/200$ 即 17mm，表明左顶板满足刚度要求。

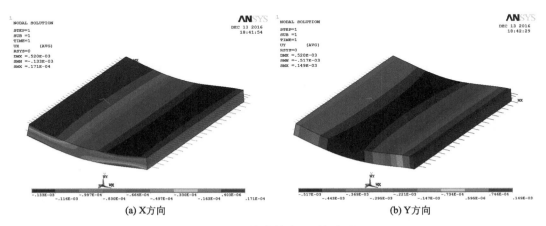

(a) X方向   (b) Y方向

图 3.1-16　综合管廊左顶板变形

(2) 右顶板变形分析

在最不利荷载组合作用下，综合管廊右顶板 X 方向（水平方向）和 Y 方向（竖直方向）的变形如图 3.1-17 所示。由图可以看出，在该荷载组合作用下，右顶板以受弯为主。右顶板 Y 方向上的变形大于 X 方向上的变形。右顶板最大变形量为 0.157mm，根据《混凝土结构设计规范》GB 50010，受弯构件挠度限值为 $L/200$ 即 13.5mm，表明右顶板满足刚度要求。

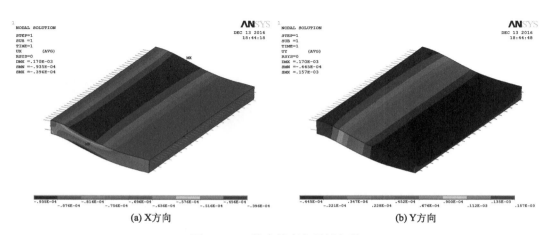

(a) X方向   (b) Y方向

图 3.1-17　综合管廊右顶板变形

（3）左侧墙变形分析

在最不利荷载组合作用下，综合管廊左侧墙 X 方向（水平方向）和 Y 方向（竖直方向）的变形如图 3.1-18 所示。由图可以看出，在该荷载组合作用下，左侧墙以受弯为主。左侧墙最大变形量为 0.22mm，其根据《混凝土结构设计规范》GB 50010，受弯构件变形限值为 $L/200$ 即 16mm，表明左侧墙满足刚度要求。

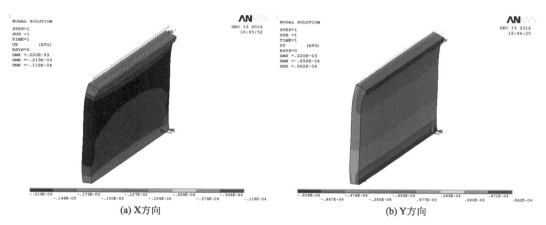

(a) X方向　　　　　　　　　　　　　(b) Y方向

图 3.1-18　综合管廊左侧墙变形

（4）中隔墙变形分析

在最不利荷载组合作用下，综合管廊中隔墙 X 方向（水平方向）和 Y 方向（竖直方向）的变形如图 3.1-19 所示。由图可以看出，在该荷载组合作用下，中隔墙以受弯为主。中隔墙水平方向最大变形量为 0.086mm，根据《混凝土结构设计规范》GB 50010，受弯构件变形限值为 $L/200$ 即 1.6mm，表明中隔墙满足刚度要求。

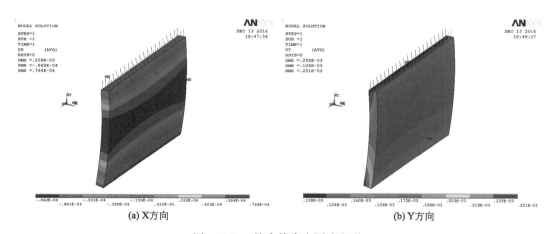

(a) X方向　　　　　　　　　　　　　(b) Y方向

图 3.1-19　综合管廊中隔墙变形

（5）右侧墙变形分析

在最不利荷载组合作用下，综合管廊右侧墙 X 方向（水平方向）和 Y 方向（竖直方向）的变形如图 3.1-20 所示。由图可以看出，在该荷载组合作用下，右侧墙以受弯为主。

右侧墙最大变形量为 0.28mm，根据《混凝土结构设计规范》GB 50010，受弯构件变形限值为 $L/200$ 即 1.6mm，表明右侧墙满足刚度要求。

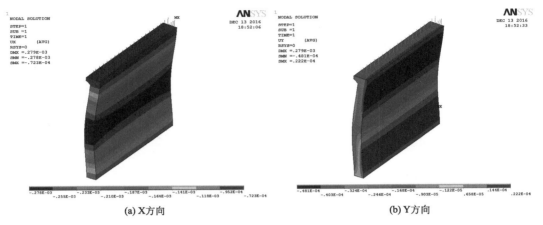

(a) X方向　　　　　　　　　(b) Y方向

图 3.1-20　综合管廊右侧墙变形

（6）底板变形分析

在最不利荷载组合作用下，综合管廊底板 X 方向（水平方向）和 Y 方向（竖直方向）的变形如图 3.1-21 所示。由图可以看出，在该荷载组合作用下，底板以受弯为主，底板 Y 方向上的变形大于 X 方向上的变形。底板最大变形量为 0.57mm，根据《混凝土结构设计规范》GB 50010 中受弯构件挠度限值为 $L/200$ 即 1.7mm，表明底板满足刚度要求。

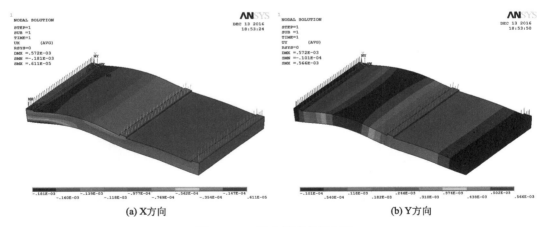

(a) X方向　　　　　　　　　(b) Y方向

图 3.1-21　综合管廊底板变形

6. 主要结论

（1）在最不利荷载组合作用下，综合管廊的顶板、侧墙和底板均满足强度要求。

（2）在最不利荷载组合作用下，综合管廊的节点以及顶板、侧墙和底板的中部位置保护层可能会出现裂缝，但裂缝宽度很小。

（3）在最不利荷载组合作用下，综合管廊的顶板、侧墙和底板均满足变形要求。

3.1.3　叠合预制装配式综合管廊

叠合结构目前在国内外房屋建筑领域进行了较为广泛的应用。因综合管廊为地下工程，受力机制、防水性能等均与房建结构差异较大，故叠合结构在综合管廊施工中应用案例不多。叠合预制装配式综合管廊（图 3.1-22）一般采用预制叠合墙、预制叠合顶板，预制构件运输至施工现场后快速装配，叠合墙、叠合板充当模板，在叠合墙内、叠合板上浇筑混凝土，形成一个完整结构体系的综合管廊。综合管廊

图 3.1-22　叠合预制装配式综合管廊

底板结构也可采用叠合装配式，但考虑施工时结构平衡及稳定性，底板一般采用现浇形式。

1. 主要类型

无论哪种预制综合管廊结构体系，节点处理均是结构体系优劣的重要评价内容，如何处理各个预制构件间节点的连接，也成为目前城市地下综合管廊预制装配体系研究的重点及难点。根据叠合墙和现浇底板连接节点类型的不同，提出了螺旋箍筋叠合和环扣叠合新型连接节点，构建了螺旋箍筋叠合预制装配式综合管廊、环扣叠合预制装配式综合管廊以及环扣叠合与套筒灌浆混合装配式综合管廊。解决了全现浇综合管廊施工周转材料多、环境保护难度大与整体预制装配式综合管廊施工成本高、运输吊装困难等难题，实现了城市地下综合管廊绿色、高效建造。

（1）螺旋箍筋叠合预制装配式综合管廊

综合管廊底板采用现浇施工，螺旋箍筋叠合连接节点通过底板现浇时预埋连接钢筋，双页叠合墙在现场吊装时以螺旋箍筋对应预埋钢筋安装浇筑成整体，内侧螺旋箍筋和外侧螺旋箍筋均应满足构造要求。螺旋箍筋叠合连接节点如图 3.1-23 所示。

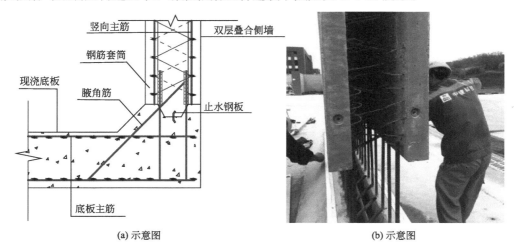

(a) 示意图　　　　　　　　(b) 示意图

图 3.1-23　螺旋箍筋叠合连接节点详图

根据螺旋箍筋叠合连接节点，构建了螺旋箍筋叠合预制装配式综合管廊结构体系，如图 3.1-24 所示，整体结构采用"现浇底板＋双页叠合墙＋单页叠合顶板"组合形式。通过节点连接性能试验、足尺结构模型试验和数值仿真分析等，揭示了螺旋箍筋预制装配式综合管廊结构体系受力机理和力学性能，验证了各单元构件、连接节点和整体结构形式的设计合理性及结构稳定性。螺旋箍筋叠合预制装配式综合管廊体系具有受力合理、整体性强、防水性好以及施工便捷等特点。

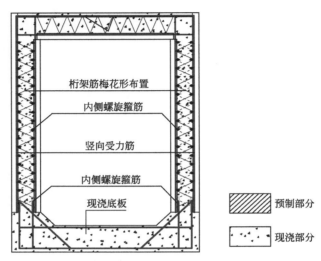

图 3.1-24　螺旋箍筋叠合预制装配式综合管廊结构示意图

（2）环扣叠合预制装配式综合管廊

依托大量的预制装配式工程，以模型试验结合数值仿真等手段，发明了合理的环扣叠合剪力墙连接构造，提出了直伸型、突出型和平口型等环扣叠合新型连接节点。

1）直伸型

直伸型环扣叠合新型连接节点如图 3.1-25 所示，外层采用预制双页叠合墙，两端沿用装配式环筋扣合节点，将顶部和底部钢筋突出截面，形成构件外的封闭环形钢筋；通过环形钢筋扣合并插入栓筋、浇筑混凝土从而形成结构整体。

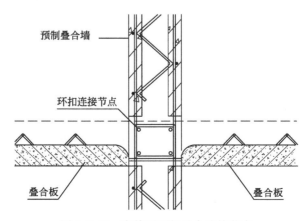

图 3.1-25　直伸型环扣叠合连接节点

2）突出型

突出型环扣叠合新型连接节点如图 3.1-26 所示，剪力墙端部突出钢筋并向内弯起，形成小于剪力墙空腔宽度的环形缩小段。另一端钢筋不出头采用正常预制剪力墙构造。突出型环扣叠合连接方式可以实现上下层钢筋在构件内的连续布置，对于墙板交接处的性能有所提升，同时也能够避免浇筑区域振捣不密实的问题，降低施工难度。

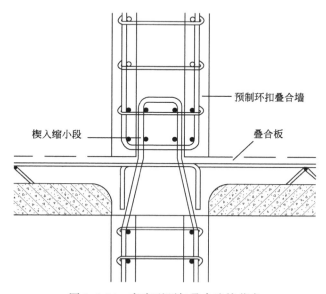

图 3.1-26　突出型环扣叠合连接节点

3）平口型

平口型环扣叠合新型连接节点如图 3.1-27 所示，预制构件四周不出筋，可以避免比较复杂的钢筋加工过程，提高构件的统一性，有利于批量生产，便于运输。安装过程中，下层墙板不需预留突出环筋缩小段，而是将封闭箍筋作为连接件替代突出环筋，其余部分施工方式与第一种连接方式类同。

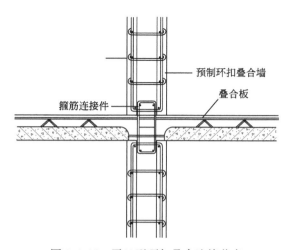

图 3.1-27　平口型环扣叠合连接节点

三种型式叠合剪力墙的预制板中竖向钢筋都采用环形钢筋，使叠合剪力墙在承受轴压时，预制板和现浇混凝土共同受力，桁架钢筋代替拉筋对两侧的预制板起到约束作用，使新老混凝土协同工作，共同承受压力作用。而环形钢筋的环箍作用，使现浇混凝土三向受力，在一定程度上提高了混凝土的抗压承载力。

根据环扣叠合连接节点，构建了环扣叠合预制装配式综合管廊结构体系，如图3.1-28所示，整体结构采用"现浇底板＋双页叠合墙＋单页叠合顶板"组合形式。通过环扣叠合构件抗折和抗震性能系列试验，分析了滞回曲线、骨架曲线、屈服强度、极限强度、延性、刚度退化等响应规律，揭示了其动力破坏模式和抗震性能，验证了其整体性和可靠性。环扣叠合预制装配式综合管廊结构体系有效改善了节点受力性能，提高了结构的整体性和防水性能，攻克了装配式综合管廊结构构件连接的核心难题，解决了传统连接方式成本高、安装对中效率低、灌浆质量不易保证等问题。

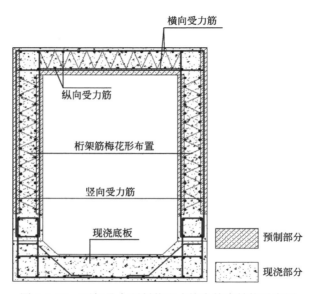

图3.1-28 环扣叠合预制装配式综合管廊结构示意图

（3）环扣叠合与套筒灌浆混合装配式综合管廊

根据双舱或多舱综合管廊结构不同部位的受力特点，为提高综合管廊整体性和预制构件适用性，确定其预制形式为底板现浇，竖向墙体、顶板预制。根据综合管廊受力方式，提高外墙抗侧向力性能，外侧双页叠合墙采用环筋扣合节点连接。综合管廊内墙按照只受压力考虑，为方便施工，内墙预制并采用套筒灌浆节点连接。构建了现浇底板与侧墙为环扣叠合连接、与中隔墙为套筒灌浆连接的混合装配式综合管廊结构体系，如图3.1-29所示。通过系列物理试验和数值模拟仿真，分析了环扣叠合与套筒灌浆混合装配式综合管廊结构体系的静动力学性能，验证了其整体性和稳定性。形成了多舱综合管廊装配式建造技术，实现了城市中心区综合管廊绿色高效建造。

2. 结构抗震性能分析

针对提出的直伸型、突出型和平口型三种新型环扣叠合连接节点结构的抗震性能进行试验分析。

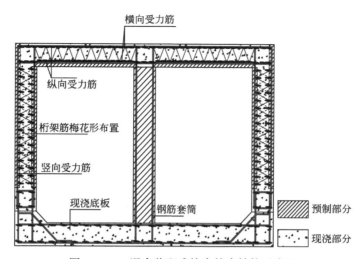

图 3.1-29 混合装配式综合管廊结构示意图

（1）试件设计

抗震性能试验共设计四个试件，各个试件的尺寸相同，截面宽度均为 1800mm，厚度 200mm，所有试件高度均为 3000mm。试件 SJ-1 为全现浇剪力墙作为试验对比组；试件 SJ-2、SJ-3、SJ-4 为装配式叠合剪力墙。SJ-2 采用突出型环扣节点的竖向连接构造，SJ-3 采用平口型环扣节点的竖向连接构造，SJ-4 采用直伸型环扣节点的竖向连接构造。试件设计情况如表 3.1-1 所示。

试件设计方案表 表 3.1-1

序号	试验内容	试件编号	竖向节点形式	连接高度（mm）	配筋模式
1	剪力墙抗震性能试验	SJ-1	现浇	现浇	完全按规范构造配筋，整体现浇
2		SJ-2	突出型	300	完全按规范构造配筋，后浇暗柱
3		SJ-3	平口型	300	完全按规范构造配筋，后浇暗柱
4		SJ-4	直伸型	构造 120	完全按规范构造配筋，后浇暗柱

叠合式剪力墙的两层预制部分厚度为 50mm，两层预制部分中间空腔的预留间距为 100mm。在工程实际中，将预制墙板吊装至设计位置之后，在空腔内浇筑混凝土并同时浇筑边缘构件。

环扣叠合式预制墙板内要按照构造要求设置桁架（格构）钢筋。桁架钢筋代替传统的拉结筋，将两块预制板和空腔内的后浇混凝土连为一体，提高构件的整体性能。桁架钢筋上弦钢筋直径 10mm，两条下弦钢筋直径 6mm，腹杆采用两条直径 6mm 钢筋弯折而成，并焊接在上弦和下弦之间。与后浇暗柱相同，预制墙板和空腔内后浇混凝土的约束作用包括混凝土黏结、接触面摩擦作用、水平环筋预留部分的销栓作用。

（2）试件制作

根据规范对叠合构件的规定，构件预制部分混凝土强度等级不低于 C30。试验构件的混凝土强度等级均为 C40，钢筋为 HRB400。

1）全现浇剪力墙

全现浇剪力墙制作流程相对简单。首先分别绑扎墙体（包括暗柱）和底座的钢筋笼，然后将两个钢筋笼拼装成整体，最后关模浇筑混凝土。现浇剪力墙制作流程如图 3.1-30 所示。

(a) 钢筋绑扎　　　　　　　　(b) 关模　　　　　　　　(c) 浇筑成型

图 3.1-30　现浇剪力墙制作流程

2）叠合式剪力墙

叠合式剪力墙制作流程相对复杂，构件预制周期较长。首先绑扎好墙体和底座钢筋笼，边缘构件钢筋绑扎在底座上面；墙体钢筋笼水平放置在模板上面，浇筑一侧混凝土，养护达到一定强度。翻转墙体浇筑另一面混凝土，同时浇筑底座；待其达到一定强度之后，将预制叠合墙吊装在底座上，调整墙体垂直度；墙体在底座上定位之后安装边缘构件模板，最后浇筑边缘构件及叠合墙空腔内混凝土。环扣叠合墙试件的制作流程如图 3.1-31 所示。

(a) 钢筋笼布置　　　　　　(b) 浇筑一侧混凝土　　　　(c) 翻转浇筑另一侧混凝土

图 3.1-31　叠合式剪力墙制作流程（一）

(d) 吊装定位

(e) 浇筑空腔内混凝土

(f) 浇筑成型

图 3.1-31　叠合式剪力墙制作流程（二）

（3）试验方案

1）加载装置

试验加载装置如图 3.1-32 所示。轴压千斤顶底部安装滑车，能保证千斤顶随着试件的位移变化水平滑动，采用钢箱梁作为轴压分配梁。采用压梁和手摇千斤顶固定试件，在反力架底部加装 4 根角钢作为自平衡拉杆，避免水平荷载较大时反力架产生滑移。

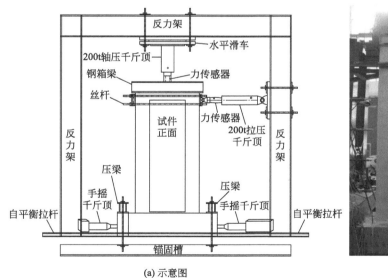
(a) 示意图

(b) 试验图

图 3.1-32　抗震试验加载装置

2）加载制度

试验时，先分级施加轴压力至恒定值。因实验室反力架承载力有限，轴压比按照 0.05 施加轴力。

轴力稳定之后，在剪力墙顶部施加水平往复荷载。试验全程按位移控制加载，每级位移按对应的层间位移依次为：1/3000、1/2000、1/1500、1/1000、1/750、1/500、1/300、1/200、1/150、1/100、1/75、1/60、1/50、1/40。其中位移角小于 1/500 时，每级位移加载循环 1 次，之后每级位移加载循环 3 次。

3）量测方案

试验时，对试件内部钢筋进行应变测量，包括边缘构件纵筋、箍筋、水平钢筋等，应变片布置如图 3.1-33 所示，文字标记部位是主要监控应变的钢筋。

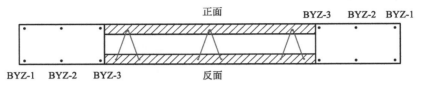

图 3.1-33　钢筋应变片布置图

在墙体一侧安装位移计测量墙体位移，其中墙顶位移计同时起到控制加载位移的作用。在墙身安装百分表，测量剪力墙的剪切变形。为了便于记录试验现象，将百分表安装在试件反面。位移计和百分表安装如图 3.1-34 所示。

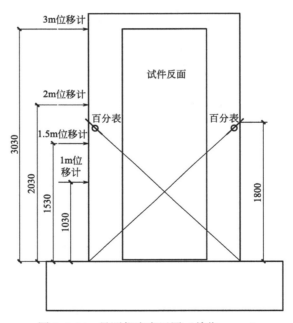

图 3.1-34　量测仪表布置图（单位：mm）

（4）试验现象分析

1）试件 SJ-1 现浇节点

现浇剪力墙为试验对比组，试件 SJ-1 破坏现象及过程见图 3.1-35。按位移角 θ＝1/3000 加载 1 个循环时，试件上没有明显损伤。当按 θ＝1/2000 和 θ＝1/1500 各加载 1 个循环时，试件两侧分别出现 1 条裂缝。当按位移角 θ 在 1/1000～1/500 范围内分别加载的过程中，一直有新的裂缝产生，裂缝间距约 150mm（与箍筋间距一致），并且斜裂缝逐步延伸至墙体中轴线另一侧形成交叉裂缝。

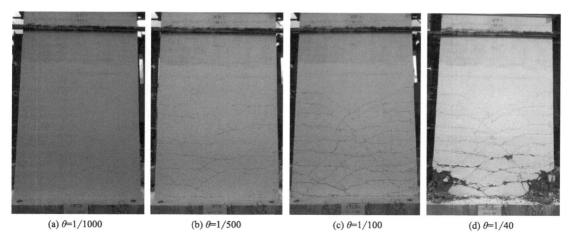

| (a) θ=1/1000 | (b) θ=1/500 | (c) θ=1/100 | (d) θ=1/40 |

图 3.1-35　试件 SJ-1 破坏过程

当按位移角 θ 在 1/300～1/150 范围内分别加载的过程中，新产生的裂缝较少，新裂缝产生高度达到试件 1.5m 高处，裂缝宽度明显增加，最宽处为 3mm，此级加载之后试件 1.5m 以上高度没有新的裂缝产生。当按位移角 θ=1/100 完成第 1 次加载循环时，水平荷载达到峰值，两侧裂缝交叉明显，剪力墙底部与底座接触面有 7mm 的"掀起"裂缝，剪力墙底部保护层开始剥落，具备形成塑性铰的条件。

当按位移角 θ 在 1/75～1/50 范围内分别加载的过程中，剪力墙底部形成塑性铰，大块混凝土剥落露出钢筋，钢筋屈曲明显；θ=1/50 第 1 次循环加载时，右侧钢筋拉断两根，第 2 次循环时，左侧钢筋拉断 1 根，边缘构件第 2 排纵筋和底部箍筋屈曲明显。当按 θ=1/40 完成第 3 次加载循环时，左侧第 1 排钢筋拉断 1 根，此时剪力墙两侧边缘构件第 1 排 4 根钢筋全部拉断，试件正反向的水平承载力均达到峰值荷载的 85% 以下，停止加载。

2）试件 SJ-2 突出型节点

试件 SJ-2 是采用突出环筋竖向连接方式制作的叠合式剪力墙，试件 SJ-2 破坏现象及过程见图 3.1-36。按位移角 θ=1/3000 加载 1 个循环时，试件上没有明显损伤。当按 θ=1/2000 和 θ=1/1500 各加载 1 个循环时，试件两侧分别出现 1 条裂缝。与试件 SJ-1 不同之处是裂缝均位于边缘构件上。当按位移角 θ 在 1/1000～1/500 范围内分别加载的过程中，一直有新的裂缝产生，裂缝更加密集，裂缝间距约 100mm（与水平环筋和箍筋间距一致），并且斜裂缝逐步延伸至预制墙板上，底部后浇水平接缝开裂。

当按位移角 θ 在 1/300～1/150 范围内分别加载的过程中，新裂缝产生高度达到试件 1.8m 高处。之前产生的裂缝宽度明显增加，最宽处为 3mm，此级加载之后试件 1.8m 以上高度没有新的裂缝产生。剪力墙预制部分和后浇部分底部的水平接缝和竖向接缝均开裂。当按位移角 θ=1/100 完成第 1 次加载循环时，水平荷载达到峰值，两侧裂缝交叉明显，剪力墙边缘构件底部保护层有剥落趋势，底部后浇水平接缝处混凝土被挤出。预制墙板上的裂缝宽度始终较小，在 0.3mm 左右。

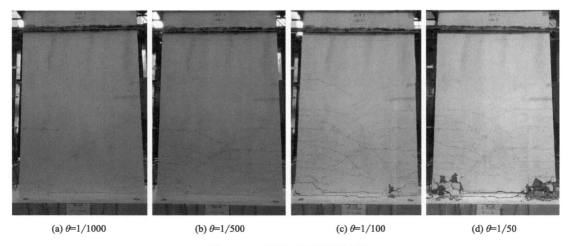

(a) θ=1/1000   (b) θ=1/500   (c) θ=1/100   (d) θ=1/50

图 3.1-36　试件 SJ-2 破坏过程

当按位移角 θ 在 1/75～1/60 范围内分别加载的过程中，水平接缝和竖向接缝的交接点损伤明显；θ＝1/60 第 3 次循环加载时，右侧钢筋拉断 1 根。当按 θ＝1/50 完成第 3 次加载循环时，剪力墙两侧边缘构件第 1 排 4 根钢筋全部拉断，第 2 排纵筋拉断 1 根，其余屈曲明显，试件正反向的水平承载力均达到峰值荷载的 85% 以下，停止加载，试验结束。

3）试件 SJ-3 平口型节点

试件 SJ-3 是采用平口箍筋竖向连接方式制作的叠合式剪力墙，试件 SJ-3 破坏现象及过程见图 3.1-37。按位移角 θ＝1/3000 反向加载完成时，试件边缘构件区域出现 3 条水平裂缝。当按 θ＝1/1500 正向加载完成时，试件边缘构件区域出现 1 条裂缝，按 θ＝1/1500 反向加载完成时，试件根部出现裂缝。当按位移角 θ 在 1/1000～1/750 范围内分别加载的过程中，有少量斜裂缝逐步延伸至预制墙板上，底部后浇水平接缝开裂。当按 θ＝1/500 加载完成时，1.6m 高处边缘构件出现裂缝，剪力墙底部掀起约 1.5mm，水平裂缝开裂。

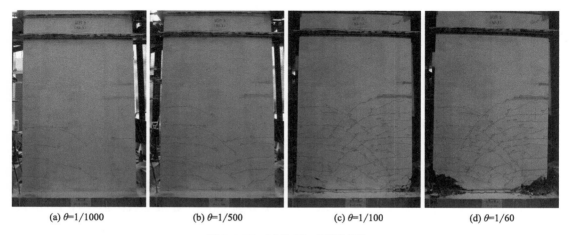

(a) θ=1/1000   (b) θ=1/500   (c) θ=1/100   (d) θ=1/60

图 3.1-37　试件 SJ-3 破坏过程

当按位移角 θ 在 1/300～1/150 范围内分别加载的过程中，斜裂缝逐渐延伸交叉，底部混凝土开裂明显，小块混凝土剥落。当按位移角 θ＝1/100 完成第 1 次加载循环时，水平荷载达到峰值，完成第 3 次循环后，底部有较大块混凝土剥落。

当按位移角 θ＝1/75 范围内分别加载的过程中，水平接缝混凝土被挤出；θ＝1/75 第 3 次循环加载时，右侧边缘构件钢筋拉断 2 根。当按位移角 θ＝1/60 完成 3 次加载循环时，右侧边缘构件再断 1 根钢筋，左侧边缘构件断 2 根钢筋。试件正反向的水平承载力均达到峰值荷载的 85% 以下，停止加载，试验结束。

4）试件 SJ-4 直伸型节点

试件 SJ-4 是采用直伸叠合节点竖向连接方式制作的叠合式剪力墙，试件 SJ-4 破坏现象及过程见图 3.1-38。按位移角 θ＝1/3000 反向加载完成时，试件边缘构件区域 1.1m 高处出现一条裂缝。当按 θ＝1/2000 反向加载完成时，试件边缘构件 20cm 区域出现 1 条裂缝。当按 θ＝1/1500 正向加载完成时，试件边缘构件 60cm 区域出现 1 条裂缝。当按位移角 θ 在 1/1000～1/500 范围内分别加载的过程中，一直有新的裂缝产生，并且斜裂缝逐步延伸至预制墙板上，底部后浇水平接缝开裂。

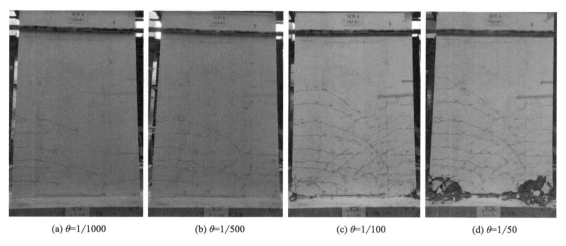

(a) θ＝1/1000　　　　(b) θ＝1/500　　　　(c) θ＝1/100　　　　(d) θ＝1/50

图 3.1-38　试件 SJ-4 破坏过程

当按位移角 θ 在 1/300～1/100 范围内分别加载的过程中，裂缝明显增多，新裂缝产生高度达到试件 1.6m 高处，裂缝宽度明显增加，剪力墙底部掀起 2mm，裂缝延伸并交叉。当按位移角 θ＝1/75 完成第 1 次加载循环时，水平荷载达到峰值，两侧裂缝交叉明显，剪力墙边缘构件底部混凝土有剥落趋势，水平接缝被压碎但未被挤出；完成第 3 次加载循环后，预制墙板角部混凝土剥落。

当按位移角 θ＝1/60 正向加载过程中，右侧边缘构件拉断 1 根钢筋，预制墙板的纵向环筋钢筋被压屈；按 θ＝1/60 第 2 次循环加载时，右侧边缘构件钢筋再断 1 根，加载过程中有明显的混凝土压碎声；按 θ＝1/60 第 3 次循环加载时，左侧边缘构件钢筋再断 1 根。按 θ＝1/50 完成第 1 次加载循环过程中，左侧边缘构件钢筋再断 1 根，按 θ＝1/50 完成 3 次加载之后，试件正反向的水平承载力均达到峰值荷载的 85% 以下，停止加载，试验结束。

5）对比分析

通过观察试验现象和试件的破坏过程，四个试件均为弯剪破坏。现浇剪力墙最为典型，墙体下部产生水平弯曲裂缝，随着荷载的增加，裂缝逐渐斜向开展并向受压区延伸，裂缝不断发展，当延伸至墙体底部受压区后混凝土在轴向压力作用下破坏。而叠合剪力墙裂缝发展也是从边缘发展到腹板区域形成连续的斜裂缝，表明三种节点均能有效地传递钢筋内力；同时，叠合剪力墙边缘构件底部混凝土破坏较多，这是由于两侧边缘构件和中间腹板不是现浇成一体，叠合式剪力墙腹板连接处锚固性能低于现浇剪力墙，使得中间腹板预制部分和边缘构件的协同工作稍差，而边缘构件配筋率更高，刚度更大。

对比各节点的破坏现象，SJ-2、SJ-3、SJ-4各节点破坏过程类似，但SJ-2出现预制部分与后浇部分的竖向接缝在底部开裂，且SJ-2的预制墙体裂缝较小，说明相较于平口型节点和直伸型节点，突出型节点的整体性能略弱。

（5）滞回曲线分析

试件在往复荷载加载过程中，通过实时测量水平荷载和加载点对应的位移得到试件的荷载-位移滞回曲线。滞回曲线可以充分反映构件的承载力、延性、耗能能力、刚度和强度退化过程，为分析试验结果提供依据。本次试验各试件的滞回曲线见图3.1-39。

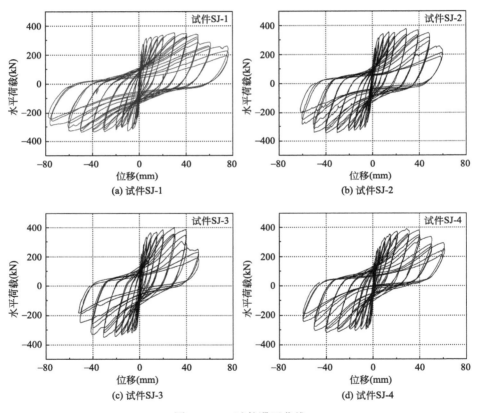

图3.1-39　试件滞回曲线

对于叠合剪力墙，加载初期，试件处于弹性阶段，顶端位移较小，加卸载路径基本重合，卸载后几乎没有残余变形，滞回曲线所包围的面积很小，构件耗能很小。随着荷载增加，试件边缘构件区域出现水平裂缝，滞回曲线发展为弓形，有轻微的"捏缩"现象。随着进一步加载，剪力墙腹板区域出现斜裂缝，边缘构件区域水平裂缝宽度增加，剪力墙腹板区域斜裂缝数量增加，钢筋混凝土之间黏结滑移量加大，滞回曲线发展为反 S 形，"捏缩"现象明显，且边缘构件钢筋屈服，试件进入弹塑性阶段，试件残余变形逐渐增大，曲线的斜率逐渐减小，试件的刚度不断退化，滞回曲线开始呈曲线型，滞回环所包围的面积也逐渐增大；加载后期，剪力墙斜裂缝充分发展，边缘构件钢筋屈曲，底部混凝土破坏，形成塑性铰，试件进入塑性变形阶段，滞回环面积增加，试件耗能增加，同时承载力开始下降，刚度退化明显。

对比各节点的滞回曲线，现浇构件的滞回曲线呈梭形，滞回环较饱满，无明显粘接滑移现象，说明节点具有良好的粘接锚固性能；三个叠合墙试件滞回曲线和现浇构件的滞回曲线类似，也呈梭形，但滞回环的"捏缩"现象更明显，说明叠合墙试件的耗能能力较好。

（6）耗能能力分析

结构吸收的地震能量包括弹性势能、阻尼耗能和塑性吸能等部分。弹性势能在结构卸载后完全释放，因此结构的耗能以阻尼耗能和塑性耗能为主。试件的耗能能力应以荷载-位移曲线所包围的面积来衡量，计算得到的各试件每级加载的耗能对比如图 3.1-40 所示。

由各级加载对应耗能曲线可见，达到峰值荷载前，除 SJ-3 耗能稍高以外，各节点与现浇剪力墙耗能差距不大。达到峰值荷载后，随着加载级数的增加，现浇剪力墙的耗能性能优势逐步体现。

除每级加载耗能对比外，对试件的耗能能力进行定量分析通常用能量耗散系数 E 或

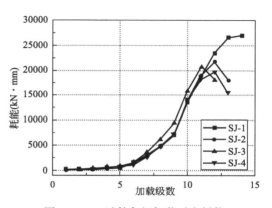

图 3.1-40　试件各级加载对应耗能

等效黏滞阻尼系数 ξ_{eq}，各试件的能量耗散系数 E 和等效黏滞阻尼系数 ξ_{eq} 分别见表 3.1-2 和表 3.1-3。

试件能量耗散系数　　　　　　　　　　　表 3.1-2

θ	E			
	SJ-1	SJ-2	SJ-3	SJ-4
1/3000	1.12	0.82	0.87	1.08
1/2000	0.80	0.58	0.60	0.71
1/1500	0.53	0.51	0.78	0.77
1/1000	0.67	0.59	0.71	0.70
1/750	0.40	0.52	0.69	0.73
1/500	0.82	0.64	0.78	0.60
1/300	0.95	0.87	0.99	0.85
1/200	1.02	0.95	1.11	0.97
1/150	1.06	1.06	1.23	1.07

θ	E			
	SJ-1	SJ-2	SJ-3	SJ-4
1/100	1.32	1.28	1.36	1.33
1/75	1.38	1.31	1.41	1.28
1/60	1.39	1.25	1.41	1.21
1/50	1.43	1.11	—	0.94
1/40	1.29	0.82	—	—

试件等效黏滞阻尼系数　　　　　　　　　　　　　　表 3.1-3

θ	ξ_{eq}			
	SJ-1	SJ-2	SJ-3	SJ-4
1/3000	0.18	0.13	0.14	0.17
1/2000	0.13	0.09	0.10	0.11
1/1500	0.08	0.08	0.12	0.12
1/1000	0.11	0.09	0.11	0.11
1/750	0.06	0.08	0.11	0.12
1/500	0.13	0.10	0.12	0.09
1/300	0.15	0.14	0.16	0.14
1/200	0.16	0.15	0.18	0.16
1/150	0.17	0.17	0.20	0.17
1/100	0.21	0.20	0.22	0.21
1/75	0.22	0.21	0.22	0.20
1/60	0.22	0.20	0.22	0.19
1/50	0.23	0.18	—	0.15
1/40	0.21	0.13	—	—

对比发现，各试件进入塑性阶段后，其等效黏滞阻尼系数均达到了 0.2 以上，由于钢筋混凝土节点的等效黏滞阻尼系数为 0.1 左右，说明各试验节点有较好的耗能能力。通过对比各节点荷载达到峰值的加载级数（SJ-1、SJ-2、SJ-4 为 1/50，SJ-3 为 1/60）的耗能指标，SJ-1 和 SJ-3 的等效黏滞阻尼系数较接近，分别为 2.3 和 2.2，大于 SJ-2 和 SJ-4（分别为 0.18、0.19），说明叠合墙中的节点 SJ-3 构造相较于其余叠合墙试件，有较好的耗能能力。

（7）刚度退化分析

剪力墙腹板区域的斜裂缝就是墙体受剪的体现，剪力墙抗震则是依赖于边缘构件内的集中配筋来实现，因此边缘构件区域一般会出现水平裂缝。随着荷载的反复施加，墙体的裂缝会不断地开裂闭合。混凝土在初始开裂时依然能较好地闭合，混凝土的塑性损伤较小。在裂缝不断发展的过程中，底部区域混凝土的强度开始大幅降低，剪力墙刚度迅速下降。随着边缘构件钢筋屈服，底部混凝土被压碎剥落丧失承载力，此时剪力墙依然有较强的变形能力，但是其刚度大幅退化，抵抗变形的能力大大降低。

各试件的刚度退化曲线见图 3.1-41，由图可见，叠合式剪力墙和现浇剪力墙的刚度退化曲线拟合较好，表明叠合式剪力墙的刚度与现浇剪力墙无明显差异。现浇剪力墙的初始刚度略大于叠合式剪力墙，这是由于试件制作过程不同导致。叠合式剪力墙底部和底座不是同时浇筑，墙体和底座存在初始间隙，导致在试验初始阶段，叠合式剪力墙抵抗变形能力较弱。试验中后期，墙体刚度几乎重合。

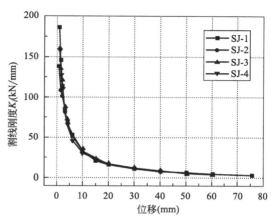

图 3.1-41　试件刚度退化

（8）强度退化分析

强度是试件承载力的衡量指标，混凝土开裂和钢筋的屈服都会导致试件的强度退化。在一次完整的试验中，每一级得到的水平荷载总是呈现先上升后下降的趋势，但是每一级加载的不同次循环中，水平荷载都有明显的降低。这是因为同级加载过程中，几乎没有新的裂缝产生，原有的裂缝开合会加剧混凝土的塑性损伤，因此在同级荷载的第 2 次循环时强度退化比较明显。混凝土的塑性损伤是不可恢复的，因此在同级荷载第 3 次循环时，强度退化幅度较小。试件的强度退化系数见表 3.1-4。

试件强度退化系数 表 3.1-4

θ	λ_i							
	SJ-1		SJ-2		SJ-3		SJ-4	
	正向	反向	正向	反向	正向	反向	正向	反向
1/500	0.84	0.98	0.89	0.97	0.84	0.95	0.89	0.97
1/300	0.90	0.85	0.90	0.95	0.89	0.97	0.91	0.94
1/200	0.95	0.99	0.90	0.97	0.91	0.98	0.95	0.95
1/150	0.95	0.97	0.93	0.97	0.91	0.93	0.93	0.98
1/100	0.92	0.92	0.90	0.94	0.89	0.91	0.90	0.95
1/75	0.95	0.96	0.89	0.95	0.90	0.86	0.90	0.93
1/60	0.94	0.97	0.90	0.92	0.91	0.77	0.84	0.91
1/50	0.89	0.84	0.79	0.87	—	—	0.78	0.92
1/40	0.85	0.87	—	—	—	—	—	—

由表可见，叠合式剪力墙的强度退化系数和现浇剪力墙的强度退化系数差别在 2% 左右，差别较小，3 种节点连接的叠合式剪力墙强度退化也无明显差别。

（9）主要结论

1）试验时各构件的破坏首先发生在边缘构件，说明边缘构件在试验过程中受力较大，叠合墙试件边缘构件采用的后浇方式，对构件整体受力和耗能有较好的作用。

2）平口型节点承载能力最大，说明平口箍筋构造可以较明显地提高叠合墙的承载能力。突出型节点、平口型节点剪力墙的屈服荷载、峰值荷载、极限荷载均高于现浇剪力墙试件；直伸型节点钢筋的屈服荷载、峰值荷载低于突出型、平口型节点，但极限荷载相对提高。说明直伸型环扣叠合剪力墙构件在交接区域增大了钢筋截面面积，导致承载力有所提升。

3）现浇节点的延性性能优于环扣叠合剪力墙节点，但所有节点的延性系数都较高，延性较好。各节点的刚度及强度退化指标接近，无明显差别。

4）对比各节点的耗能指标，各试件的等效黏滞阻尼系数均达到了 0.2 以上，均能达到混凝土结构的要求。相比之下，平口型节点与现浇节点的等效黏滞阻尼系数较接近，均大于突出型节点和直伸型节点，说明平口型节点更好的耗能能力。

3. 结构平面外抗折性能分析

针对提出的直伸型、突出型和平口型三种新型环扣叠合连接节点结构的平面外抗折性能进行试验分析。

（1）试件设计

平面外抗折性能试验共设计四个试件，各个试件的尺寸相同，截面宽度均为1800mm，厚度200mm，所有试件高度均为1500mm。其中试件 SJW-1 为全现浇剪力墙作为试验对比组；试件 SJW-2、SJW-3、SJW-4 为环扣叠合剪力墙。SJW-2 采用突出型环扣节点的竖向连接构造，SJW-3 采用平口型环扣节点的竖向连接构造，SJW-4 采用直伸型环扣节点的竖向连接构造。试件设计情况见表 3.1-5。

试件设计方案表 表 3.1-5

序号	试验内容	试件编号	竖向节点形式	连接高度（mm）	配筋模式
1	剪力墙平面外抗折试验	SJW-1	现浇	现浇	完全按规范构造配筋
2		SJW-2	突出型	300	完全按规范构造配筋
3		SJW-3	平口型	300	完全按规范构造配筋
4		SJW-4	直伸型	构造120	完全按规范构造配筋

叠合式剪力墙的两层预制墙板厚度为 50mm，两层预制墙板中间空腔的预留间距为100mm；在工程实际中，将预制墙板吊装至设计位置之后，在空腔内浇筑混凝土并同时浇筑边缘构件。在预制墙板底部和楼面板的接触面上预留 30mm 的缝隙，在施工时，预留接缝可以通过空腔内浇灌的混凝土进行填充，如果有特别要求，也可采用灌浆料进行填充，本次试验采用灌浆料填充。灌浆料密实度好，可以避免振捣不密实导致的接缝处蜂窝麻面、强度不足的情况。

（2）试验方案

1）加载装置

试验采取墙端施加低周往复荷载，节点试验的加载装置如图 3.1-42 所示。节点试验的加载装置主要由 1000kN 液压伺服器、万向铰和荷载分配梁等组成。为确保液压伺服器对节点试件施加的是水平方向的力和位移，同时防止节点试件因产生过大的变形而对液压伺服器造成损坏，在液压伺服器与分配梁之间设置万向铰连接。在液压伺服器与万向铰之间设置压力传感器，液压伺服器与反力墙之间铰接连接。节点试件的底面通过锚固螺栓固定在地面上。

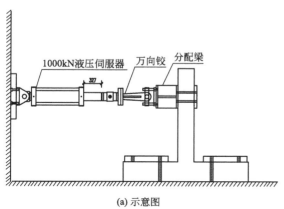

(a) 示意图

(b) 试验图

图 3.1-42　平面外抗折试验加载装置

2）加载制度

试验墙端低周往复加载采用力-位移混合控制加载制度。对墙端施加一个小循环预加载，即正、反向加载 20kN 并卸载。然后对各节点施加水平的初始荷载，测得初始等效荷载作用下节点试件墙端的水平初始位移，并在初始位移的基础上，以 10mm 位移为单位逐级增加进行位移控制加载，每级荷载循环加载两次。加载到试件接近破坏时，随着加载位移的不断增大，节点此时的荷载会下降较快，达到下列条件之一时即停止加载：当荷载降至峰值荷载的 80% 以下时；节点试件混凝土发生明显的破坏时；加载墙出现较大的整体弯曲不适宜继续加载。

（3）试验现象分析

1）现浇节点 SJW-1

试件 SJW-1 在初始等效水平加载力作用下，墙端加载点产生的初始位移为 3mm，此时试件混凝土表面没有明显开裂。当墙端加载位移达到 8mm 时，墙体靠近底部的受拉混凝土表面开始出现较多的横向弯曲裂缝，随着加载位移的不断增大，墙体表面的裂缝逐渐延伸、增多，开裂位置从墙板根部上延。加载到 ±13mm，节点区底部沿着底板出现了竖向裂缝并与墙体底部混凝土斜裂缝相连。加载到 ±40mm 时，底板顶面靠近墙板根部区域处开始出现横向裂缝，侧面节点区有斜裂缝增加。加载到 ±50mm 时，加载墙板底部角落处有局部的混凝土剥落现象，底板侧面有贯通的弯剪斜裂缝明显加宽，最大裂缝宽度为 5mm，形成主贯通弯剪斜裂缝。随着加载控制位移的逐级增加，主斜裂缝不断加宽。加载到 ±80mm 时，墙板靠近节点核心区的混凝土受压向外鼓出爆开，墙板核心区的混凝土保护层开始脱落。加载到 93mm 时，墙板根部混凝土剥落，试件的破坏模式为节点区钢筋破坏。试件 SJW-1 的破坏过程如图 3.1-43 所示。

2）突出型节点 SJW-2

试件 SJW-2 在初始等效水平加载力作用下，墙端加载点产生的初始位移为 0.4mm，

(a) 加载初期　　　　　　　　　　　　(b) 最终破坏

图 3.1-43　试件 SJW-1 破坏过程

此时试件混凝土表面没有明显开裂。当墙端加载位移达到 5.3mm 时，加载墙表面靠近节点区域开始出现横向裂缝，节点区侧面有少许竖向和斜裂缝产生。加载到 ±20mm 时，侧面节点区开始出现"X"形交叉的斜裂缝。随着加载位移的逐级增加，不断产生新的水平和斜向裂缝，且裂缝不断延伸和加宽。当加载到 ±40mm 时，节点区主斜裂缝最大宽度达5mm。当加载到 ±50mm 时，墙体距离节点根部 100mm 处的横向贯通裂缝急剧加宽，混凝土鼓出有少许混凝土脱落，节点核心区的"X"形交叉的主斜裂缝处混凝土被压碎脱落，节点试件开始破坏。随着后期的持续加载，墙体根部和节点区的"X"形交叉的主斜裂缝持续急剧加宽，混凝土压溃剥落。加载到 ±80mm 时，墙板根部混凝土压溃大面积剥落，纵筋和拉筋外露，节点最终发生墙体根部的弯曲破坏和节点区的弯剪破坏。试件 SJW-2 破坏过程如图 3.1-44 所示。

(a) 加载初期　　　　　　　　　　　　(b) 最终破坏

图 3.1-44　试件 SJW-2 破坏过程

3）平口型节点 SJW-3

试件 SJW-3 在初始等效水平加载力作用下，墙端加载点产生的初始位移为 0.4mm，此时试件混凝土表面没有明显开裂。当加载到 5mm 时，墙板根部有细微的水平横向裂缝产生，以及节点区有少许细微的竖向裂缝开始产生，说明交界面有轻微的分离。加载到

±10mm 时，墙体靠近节点部位的受拉一侧混凝土表面明显出现大量的水平横向裂缝。加载到 ±20mm 时，侧面受拉预制墙体上的裂缝延伸交界处有轻微的剥离裂缝；节点区混凝土有较长的"X"形交叉斜裂缝产生，节点区部分斜裂缝贯通。加载到 ±30mm 时，预制墙体整个表面产生大量的横向裂缝，最大缝隙宽度为 6mm。随着加载位移的逐级增加，墙体面上部有横向裂缝增加，节点核心区形成主交叉斜裂缝且逐渐加宽延长贯通。当加载到 ±70mm 时，主斜裂缝急剧加宽，最大裂缝宽度为 5mm，混凝土在弯剪作用下开始脱落，节点开始发生破坏。当加载到 ±80mm 时墙板交界处缝隙开裂严重，节点区主斜裂缝处混凝土严重剥落，发生弯剪破坏。考虑到此时节点的承载力仍然较高，节点区形成铰，节点变形能力较强，试加载到 90mm，节点区混凝土被压溃大面积脱落。试件的破坏过程如图 3.1-45 所示。

(a) 加载初期　　　　　　　　　　　　　　(b) 最终破坏

图 3.1-45　试件 SJW-3 破坏过程

4）直伸型节点 SJW-4

试件 SJW-4 在初始等效水平加载力作用下，墙端加载点产生的初始位移为 0.3mm，此时试件混凝土表面没有明显开裂。当墙端加载位移达到 4mm 时，加载墙表面根部开始出现横向裂缝。加载到 20mm 时，侧面节点区开始出现"X"形交叉弯剪斜裂缝，且交叉点靠近节点中上部，斜裂缝较平缓。随着加载位移的逐级增加，墙体表面混凝土水平横向裂缝增多延长和加宽，节点区交叉斜裂缝延长加宽逐渐形成主裂缝，主斜裂缝贯通至底板上表面。加载到 ±40mm 时，节点区钢筋的端部位置处裂缝明显加宽延长，最大裂缝宽度为 7mm，底板表面混凝土受拉剥落鼓起。随后的加载过程中，节点区和底部破坏面处的混凝土裂缝急剧加宽，以及底板混凝土持续剥离。加载到 ±50mm 时，节点区主斜裂缝严重加宽，混凝土脱落严重；加载到 ±60mm 时，底板表面主斜裂缝处混凝土大面积受拉剥离，节点区发生弯剪破坏。由于节点区形成铰接，节点的承载力没有出现急剧的下降，继续加载到 ±70mm，节点位置形成铰接处混凝土大面积脱落，纵筋外露，节点发生剪切破坏。试件 SJW-4 破坏过程如图 3.1-46 所示。

5）对比分析

为更直观地分析试验结果，折算出各节点试件的开裂荷载和抗弯承载力，并对比节点的理论承载力结果，如表 3.1-6 所示。

(a) 加载初期　　　　　　　　　　　　　　　　　(b) 最终破坏

图 3.1-46　试件 SJW-4 破坏过程

各节点试件试验结果对比　　　　　　　　　　　　　表 3.1-6

试件编号	开裂弯矩（kN·m）	Mu.t(kN·m)		Mu.t（kN·m）	Mu.m（kN·m）	Mu.t /Mu.m	破坏位移（mm）
		正向	反向				
SJW-1	267.5	515.94	489.46	502.70	415.15	1.21	83
SJW-2	248.4	467.25	493.92	480.59	415.15	1.15	80
SJW-3	252.2	468.06	481.85	474.96	415.15	1.14	80
SJW-4	225.4	453.99	451.79	452.88	415.15	1.09	60

注：Mu.t—试验实测节点极限抗弯承载力，根据《建筑抗震试验规程》GJ/T 101 取峰值荷载 85%；

Mu.m—按材料实测强度计算节点抗弯承载力。

在低周往复荷载共同作用下，SJW-1、SJW-2、SJW-3、SJW-4 试件的极限抗弯承载力分别高于节点理论抗弯承载力 21%、15%、14%、9%，各试件的承载力和位移延性均满足要求。SJW-2、SJW-3 试件的墙面裂缝数量和裂缝分布高度与现浇剪力墙试件 SJW-1 接近，表明环扣叠合剪力墙采用突出型、平口型节点的竖向连接方式在平面外受力具有良好的传力性能。

SJW-2 试件和 SJW-3 试件的开裂弯矩和极限抗弯承载力相近，相较于按实测强度计算的节点抗弯承载力，均约 15% 的安全储备。SJW-2 和 SJW-3 试件最终破坏模式为墙根部混凝土剥落发生弯曲破坏，但节点区形成铰，同时存在节点区的弯剪破坏；SJW-4 试件最终破坏模式为节点区弯剪破坏，由于两面叠合板中部墙体和板面混凝土一起后浇，而环扣锚固长度只有 120mm，导致最终破坏时板面混凝土也有破坏。SJW-2 试件和 SJW-3 试件破坏位移相近，SJW-4 试件位移延性相比 SJW-2 与 SJW-3 稍显不足。

（4）延性及耗能能力分析

试验采用墙端加载处的位移延性系数来衡量节点试件的延性，即加载墙端的极限位移与屈服位移的比值。对试件的耗能能力进行定量分析通常采用能量耗散系数 E 或等效黏滞阻尼系数 ξ_{eq}。试件的节点延性系数及耗能指标见表 3.1-7。

节点延性系数及耗能指标　　　　　　　　　　　表 3.1-7

试件编号	加载方向	位移延性系数	平均位移延性系数	能量耗散系数	等效黏滞阻尼系数
SJW-1	正向	5.41	5.60	2.432	0.387
	反向	5.80			
SJW-2	正向	6.04	5.99	2.362	0.376
	反向	5.93			
SJW-3	正向	6.40	6.07	2.337	0.372
	反向	5.74			
SJW-4	正向	6.05	5.37	2.174	0.346
	反向	4.70			

由表可见，各节点试件的位移延性系数在 5.75～6.07 之间，满足钢筋混凝土结构位移延性系数不宜小于 3.0 的要求，因此整体上各节点试件延性指标合格。

各节点试件的能量耗散系数为 2.174～2.432，等效黏滞阻力系数为 0.346～0.387，一般的钢筋混凝土节点的等效黏滞阻力系数为 0.1，因此整体上各节点试件耗能指标满足抗震设计要求。

（5）刚度退化分析

目前常用的描述节点刚度退化的参考指标有：刚度随加载循环次数增加而降低的幅度；荷载相同的条件下，节点位移随加载循环次数增加而增加的幅度；位移相同的条件下，节点刚度随加载循环次数增加而降低的幅度。本试验采用同级加载位移级别下的环线刚度来描述节点试件的刚度退化规律，刚度退化曲线见图 3.1-47。

由图可见，由于节点混凝土的开裂、钢筋的累计损伤及钢筋与混凝土的黏结滑移等因素的影响，随着加载位移的增大，试件的环线刚度不断降低，且变化较大；开始刚度下降速度快，后期趋于缓慢；各节点试件正、反方向加载时，刚度退化趋势几乎一致。

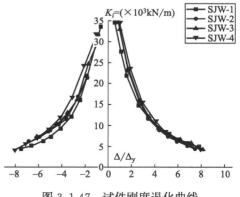

图 3.1-47　试件刚度退化曲线

对比各试件的刚度退化曲线，可以发现现浇剪力墙和环扣叠合剪力墙试件的刚度退化规律基本一致，均为初始刚度较大，加载位移级别在 1～3 内刚度退化明显，呈陡降趋势时刚度退化得比较平缓。

（6）强度退化分析

由节点的荷载-位移滞回曲线和骨架曲线可知，在往复荷载作用下，节点的强度逐渐退化。本试验采用总体强度退化系数来反映节点试件整体强度随加载位移幅值增大而下降的规律，强度退化曲线见图 3.1-48。

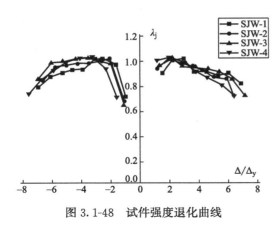

图 3.1-48 试件强度退化曲线

由图可见，各节点试件的承载力达到极限荷载以后仍具有较长的平稳阶段，表现较好的延性；各节点试件的正、反向强度退化较为一致，呈比较平缓的下降，没有陡降的趋势，强度退化系数几乎都在 0.7 以上。

同时发现，SJW-2 试件和 SJW-3 试件的强度退化趋势基本保持一致，且退化平稳缓慢。SJW-4 试件达到极限荷载后强度退化稍快于 SJW-2 试件，说明相比于平口型和突出型节点钢筋锚固长度 300mm，直伸型节点的钢筋锚固长度为 120mm，节点区的锚固长度的减少导致节点试件的强度退化加剧，且超过一定值后，节点试件的强度退化明显。

（7）主要结论

1）对比各试验节点的试验现象，各节点的破坏模式不同，其中，SJW-1 发生弯曲破坏，SJW-2 和 SJW-3 发生弯曲破坏和节点区的弯剪破坏，SJW-4 发生节点区的弯剪破坏。

2）对比各试验节点的承载能力，相比于现浇节点 SJW-1，SJW-2、SJW-3、SJW-4 的屈服荷载接近且较高，分别为现浇节点的 93%、93%、85%；峰值荷载分别为现浇节点的 95%、92%、90%。

3）现浇剪力墙试件和 3 种环扣叠合剪力墙试件的承载力达到极限荷载以后仍具有较长的平稳阶段，各节点试件强度退化趋势一致，强度退化系数高于 0.7，刚度退化规律基本一致。各节点试件的延性指标均大于 3，等效黏滞阻力系数大于 0.3，延性及耗能能力均能满足抗震设计要求。

3.2 分段预制装配施工技术

郑州经济技术开发区综合管廊工程总长 5.56km，其中分段预制装配式综合管廊全长 106.194m，分 61 节进行预制安装。综合管廊断面形式为单箱双室现浇钢筋混凝土结构，分为电力舱及热力舱两个舱。

3.2.1 技术特点

（1）分段预制装配式综合管廊管节由专业化预制构件工厂采用高精度钢模成型制作，可更好地保证管节强度、耐久性以及外观质量。

（2）现场施工速度快，同时可大幅度降低现场施工人员的数量和工作量。

（3）现场无需大量浇筑混凝土，粉尘噪声污染小，对周边环境影响小。

（4）受吊装设备、城市运输等条件限制，目前多适用于单舱或双舱管廊断面设计，不适宜三舱及以上的大尺寸截面大吨位综合管廊分段装配。

3.2.2　管节预制

1. 预制工艺流程

综合管廊管节预制主要有长线法匹配预制、整体模具预制等方法，其中长线法匹配预制方法与预制安装式类似，这里主要介绍整体模具预制法。

为提高综合管廊管节的预制质量，从工艺流程、模具组装、钢筋及骨架加工、混凝土配合比设计、混凝土施工、混凝土养护等方面制定方案，管节预制工艺流程如图 3.2-1 所示。

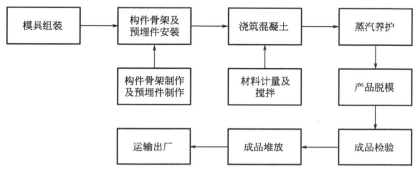

图 3.2-1　管节预制工艺流程

2. 技术要点

（1）模具组装

综合管廊管节模具应高精密、高可靠、易操作，并且应结构合理、操作简便、性能可靠、维修方便，使管节实现连续、高效地生产。管节模具精度要求见表 3.2-1。

管节模具主要精度要求　　　　　　　　　　　　　　表 3.2-1

序号	参数	精度（mm）
1	长度规格、宽度规格、对角线规格	≤0.5mm
2	表面平整度	≤1
3	端模及侧模的垂直度	≤0.3%
4	拼装后顶面长度、宽度、对角线尺寸	±1
5	端模高度	±1
6	预留螺栓孔孔径	±1
7	止水胶条预留槽的轴线半径	±0.5
8	止水胶条预留槽中心线位置	±0.5
9	吊装孔装置螺栓孔间距	±0.5

管节模具组装完成后应满足以下要求：

1）组装后的管节模板两端口及合缝应无明显间隙，各部分之间连接的紧固件应牢固可靠。

2）立式振动成型管节模板的底板应平整，内外模板与底板之间应有密封措施，内外模板垂直于底板并准确定位。

3）管节模板内壁及底板应清理干净，剔除残存的水泥浆渣。管节模板内壁及挡圈、底板均应涂上隔离剂，隔离剂可选用油脂、乳化油脂、松香皂类等。

4）钢筋骨架装入管节模板前应保证其规格尺寸正确，保护层间隙均匀准确，组装后管节模板内钢筋骨架应不松动。

5）管节模板连接螺栓应齐全完整并紧固，防止松动及漏浆。

管节模具组装如图 3.2-2 所示。

图 3.2-2　管节模具组装

（2）钢筋骨架加工制作

钢筋骨架制作选用 HPB300 和 HRB400 钢筋，HPB300 钢筋采用 E43 型焊条，HRB400 级钢筋采用 E50 型焊条。

1）钢筋骨架采用人工焊接成型，焊点数量应大于总连接点的 50％且均匀分布。

2）钢筋骨架要有足够的刚度，接点牢固，无明显的扭曲变形。钢筋骨架在运输、装模及管节成型过程中，应保持整体性。所有交叉点均应焊接牢固，邻近接点不应有两个以上的交叉点漏焊或脱焊。

3）焊接成型时焊位须准确，严格控制钢筋焊接质量。焊接不得烧伤钢筋，凡主筋烧伤深度超过 1mm，即作废品处理；焊缝表面严禁有气孔及夹渣，焊接氧化皮及焊渣须及时清除干净。

4）钢筋骨架不应有明显的纵向钢筋倾斜或环向钢筋在接点处出现折角现象，纵向钢筋端头露出环向钢筋长度不应大于 15mm。

5）钢筋骨架经检验合格并按规格、级别标识后方可使用。

6）钢筋骨架应采用专用吊具吊放安装，应轻吊轻放，安装到位。

7）吊装部位预留孔处钢筋应做加强处理，布置加强筋，放置在钢筋骨架内侧预留孔四周呈矩形布置，每个预留孔 16 根钢筋，间距 5cm。

钢筋骨架加工制作如图 3.2-3 所示。

（3）模具及钢筋骨架安装

1）内膜安装时，应保持内模吻合平稳、垂直及水平居中，内活动挡板必须与内模整体吻合并锁牢，周圈插口端面厚度误差控制在±5mm 以内。

2）吊装钢筋骨架入底座时，钢筋骨架与模座须垂直吻合且无水平摆动现象。

3）焊接预埋起吊孔时，两个起吊孔须左右、上下垂直平衡对称，防止起吊时管节发生倾翻现象。

4）外模安装时，对接外模时须保持周圈平衡吻合、水平居中无错位，合模螺栓须锁紧，防止松动及漏浆。

模具及钢筋骨架安装如图 3.2-4 所示。

图 3.2-3　钢筋骨架制作

图 3.2-4　模具及钢筋骨架安装

（4）混凝土浇筑

1）混凝土配合比设计

综合管廊结构采用 C40 防水混凝土，抗渗等级 P6，基础垫层采用 C15 混凝土。防水混凝土应通过调整配合比和掺合料配制而成。防水混凝土的施工配合比应通过试验确定，试验抗渗等级应比设计要求提高一级。

① 控制最大水灰比作为保证混凝土耐久性的主要措施；对于强度等级为 C40 以上抗渗混凝土，通过控制水灰比来达到要求。

② 提高混凝土抗腐蚀性能，选用有抗硫酸盐腐蚀的水泥品种，选用硬度较高、结晶细密以及压碎指标高的花岗岩碎石。

③ 为防止钢筋锈蚀，混凝土配合比设计选用不含氯离子的减水剂。

2）混凝土搅拌

① 混凝土配合比例须正确，干湿度及搅拌时间控制到位，在规定的时间内必须完成浇灌。

② 可采用混凝土自动配料系统（图 3.2-5），依据实验室下达的混凝土配合比单，严格控制混凝土用水量，第一盘料出盘时检测混凝土坍落度，杜绝离析现象发生。

3）混凝土浇筑

① 采用插入式振动器立式振捣成型，混凝土应分层加料，分层振捣密实。

图 3.2-5　混凝土自动配料系统

② 混凝土每层加料厚度控制在 250～500mm，上端面最后一层料厚度应不少于 250mm。

③ 振动棒垂直插入，快插慢拔，振捣时不得碰撞钢筋和模板。每次振捣时 2～3 台振动棒一起操作，来回均匀振捣，振动时间为 30～40s。

（5）管节养护

1）检查抹面合格后盖上池罩，静停 1.0～1.5h 后开始加汽蒸养。

2）蒸养时升温不宜过快，升温速度不宜大于 35℃/h，温度升至 70℃后，恒温 70～

75℃，最高不得超过 80℃。

3）蒸养达到规定时间后关闭蒸汽，严格执行降温制度，未达到规定的降温时间禁止脱模。达到规定的蒸养时间后关闭供汽阀，部分掀开池罩，待模具和混凝土自然冷却后再揭下全部池罩，过 0.5h 后方可脱模。

4）揭下池罩后，混凝土强度到达设计强度的 80％时方可脱模吊装，并做好原始记录。

混凝土蒸汽养护静停阶段、升温阶段、恒温阶段以及降温阶段的时间要求如图 3.2-6 所示。混凝土蒸汽养护过程如图 3.2-7 所示。

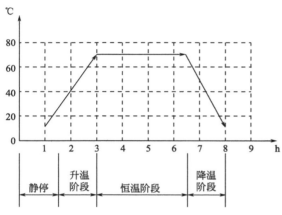

图 3.2-6　混凝土蒸汽养护曲线图

图 3.2-7　混凝土蒸汽养护

（6）拆模、吊装、清模、翻转

1）拆模

先松动内模螺栓，垂直平稳吊出内模放至清模区；然后拆开外模螺栓，向外滑移到固定位置。操作须认真仔细，防止夹模及碰损管节插口或内壁。

2）吊装

将吊架正确套住吊孔并锁好，安全平稳吊到堆放场，吊运管节转移时须保持平衡并控制速度。

3）清模

吊完管节后将内模、外模、底座上面余浆废渣清理干净。检查模具有无缺损变形，密封胶条有无破损，合格后均匀涂上隔离剂以备下次使用。

4）翻转

自制综合管廊管节翻转架，放置于车间管节存放处，便于管节在吊卸、装车时根据需要进行管节朝向翻转。管节翻转过程如图 3.2-8 所示。

（7）产品编号、堆放

拆模后在管身印刷商标、生产日期、规格型号和级别。字迹要求工整清晰不歪斜。管节产品堆放如图 3.2-9 所示。

3. 检验验收

（1）综合管廊预制管节外观质量验收标准见表 3.2-2。

图 3.2-8　管节翻转

图 3.2-9　管节堆放

综合管廊预制管节外观质量验收标准　　　　　　　　　　表 3.2-2

序号	控制项目	验收标准	检验方法
1	内外表面	密实、光洁完好、无裂纹、蜂窝、麻面、气孔、水槽、露砂、露石、露浆及黏皮	观察法
2	承插口断面	光洁完好,无掉角、裂纹、露筋	观察法
3	承口粘贴胶条凹槽	平滑顺畅、纹路清晰、不应粘有浮浆及杂物	观察法
4	顶、底板内外表面	平整、无局部凹凸不平	观察法
5	侧壁预埋螺丝	牢固、丝路牢固、丝路顺畅、排列整齐	观察法
6	张拉孔	顺畅、孔径一致、无歪斜偏离	观察法

（2）综合管廊预制管节尺寸偏差验收标准见表 3.2-3。

95

综合管廊预制管节尺寸偏差验收标准

表 3.2-3

序号	控制项目	验收标准(mm)	检验方法
1	长度	(-2,0)	钢尺
2	宽度、壁厚	(0,±5)	钢尺
3	高度	±5	钢尺
4	侧向弯曲	$L/1500$ 且≤6	拉线、直尺测量最大侧向弯曲处
5	翘曲	$L/1000$	四角拉线测量
6	表面平整度	≤3	靠尺和塞尺
7	对角线差	≤5	钢尺
8	轴线偏移量	5	全站仪测量
9	预埋件错牙	≤5	钢尺
10	预埋件、预留孔洞中心位移	≤3	钢尺
11	钢筋保护层厚度	±3	钢筋保护层测定仪

4. 管节渗漏水试验

综合管廊预制管节在安装之前须做接头渗漏水试验。由于管节尺寸较大，试验时需将两个管节按工程实际进行拼装，并在接头部分砌筑水池，同时注水进行渗漏水试验。

（1）试验水池砌筑及加固

试验水池采用 M10 砂浆砌实心砖，砂浆应充分饱满。砌筑后墙体内壁及池底应涂抹防水砂浆 2 遍，总厚度大于 20mm。试验水池成型后，需要在池侧布设竖向加固的槽钢，槽钢下端与垫层中埋设槽钢焊牢确保可靠连接；上端采用槽钢相互对拉焊牢确保可靠连接，缝隙处采用钢板塞满。管节预拼装及接头渗漏水现场试验如图 3.2-10 所示。

图 3.2-10　管节预拼装及接头渗漏水现场试验

（2）渗漏水试验及观测

试验水池在砌筑完成 3 天后，开始进行注水试验。试验观测 72h，其中前 24h 每 4h 观测 1 次，后 48h 每 12h 观测 1 次，并依次记录渗水点、渗水量以及渗水时间。

5. 管节运输

管节运输前应做好各项运输准备，包括制订运输方案、选定运输车辆、设计制作运输架、准备装运工具和材料，检查清点管节、维修现场运输道路、查看运输路线和道路等。同时应做好与交警部门、路政部门的沟通，并办理好相关手续，必要时请交警部门对沿线的交通予以疏导。

管节运输通常选用车板与接口面相互接触的运输方案。管节运输时，混凝土强度应达到设计强度等级。管节中心应与车辆装载中心重合，支承应垫实；管节间应塞紧并封车牢固，防止运输过程中晃动或滑动。管节车辆运输如图 3.2-11 所示。

图 3.2-11　管节车辆运输

3.2.3　管节安装

1. 安装工艺流程

综合管廊预制管节现场安装工艺流程如图 3.2-12 所示。

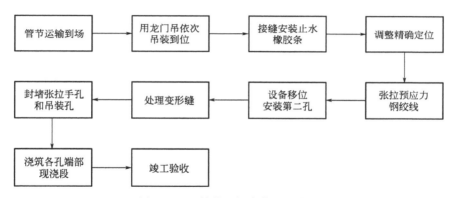

图 3.2-12　管节现场安装工艺流程

2. 技术要点

（1）管节吊装

1）龙门吊选择

综合管廊管节现场吊装设备的选择应结合施工条件，根据施工现场的土质、作业面及基坑的开挖等具体情况，保证吊装的稳定性；一般采用龙门架吊装，如图 3.2-13 所示。在现场进行吊装时，应由专业吊装班组进行吊装，吊装负责人作为现场管理人，负责指挥吊装全部工作。机动车必须具备有效期内的车辆行驶证，特种工作人员（拖车、吊车司机）必须持证上岗。吊装前应选用合适的钢丝绳和插销，保证承载力满足施工要求。

图 3.2-13　龙门吊

97

郑州经济技术开发区综合管廊项目考虑单个管节重 26.4t，经计算，现场吊装设备选用定制改装的龙门吊，配两台 32t 电动葫芦，同步起吊。主要参数如下：

① 龙门吊基本参数：重量 12t，跨度 10.5m，起升高度 9m；电动葫芦单台最大吊重 32t，行车运行速度 20m/min。

② 轨道安装 100m，采用 P43 钢轨；采用 1200mm×200mm×150mm 枕木基础，枕木间距 400mm，支腿荷载分配宽度 7m。

2）吊具选择

① 吊具一般为钢板横吊梁，通常采用型钢制造，计算时需要考虑吊重和自重引起的轴向弯矩，以及由于荷载偏心引起的弯矩。

② 应对钢板横吊梁（吊具）中部截面进行强度验算以及对吊钩孔壁、卡环孔壁进行局部承压验算。

③ 应对钢丝绳、卸扣、吊具等吊装物资进行储备，以防吊具损坏或丢失。

钢板横吊梁如图 3.2-14 所示。

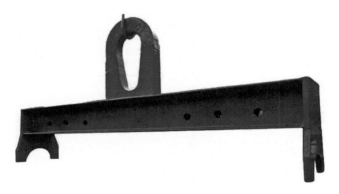

图 3.2-14　钢板横吊梁

3）龙门吊安装

龙门吊安装使用的检验流程为：基坑验槽→边坡支护施工→垫层、防水→工作面移交→安拆方案报批、设备参数及安装资质申报→龙门吊厂家现场测量→基础调平→龙门吊设备安装与调试→检测单位审定→现场试吊装。

4）管节起吊

① 根据管节桩号进行测量放线，并在非机动车道路缘石上标明桩号，确定吊装点的具体位置。管节运输车辆停到指定位置，解除管节固定绳索，换上吊具并确保吊装孔与插销连接稳定，然后用龙门吊进行四点起吊。

② 将管节吊起 20cm 高，空中静停 2min，待管节平稳以后再平移至基坑内，

图 3.2-15　管节起吊

预先在管节下铺设木方以确保管节平稳着地。

③ 管节采用两点偏心翻转，吊装时采用专用翻转吊具进行两点起吊，并在地面上沿综合管廊长边方向均匀布置木方，避免翻转时管节损坏。

管节起吊过程如图 3.2-15 所示。

5）安全保障措施

① 在管节吊装前，现场管理人员要进行作业前的勘察，包括现场道路、吊装作业场地状况等，并对所有现场操作人员进行作业前安全交底。

② 定期对各种机械设备进行维修、保养，以保证其运作良好，吊车、运输车、起吊的有关设备，使用前必须进行安全运行检查及维护。

③ 特种作业人员要持证上岗，禁忌病者、童工上岗，禁止穿拖鞋上岗；施工人员戴安全帽，系安全带；严禁酒后作业，严禁一切人员从事非本职工作的行为；严禁非施工人员进入作业现场。

④ 管节运输到现场后，宜直接从运输车上起吊安装，减少二次搬运，需要堆放在现场时，应注意场地平整，严禁碰撞。

⑤ 吊装前确定吊车起吊位置，考虑吊车作业半径、起重重量与幅度限制等，起吊必须听从现场负责人统一指挥，钢丝绳安全系数不得小于 6。

⑥ 六级大风以上或大雨天气不得进行高空作业。

（2）管节对接

管节对接施工流程为：基槽共同验收→测量放线→垫层找平→管节就位→微调。

1）组织建设单位、监理单位、勘察单位、设计单位和质量监督站，对基槽进行共同验收。

2）提前进行测量放线，在防水保护层上用墨线弹出综合管廊中心线以及两侧边线。

3）根据场地平整度情况，在防水保护层上铺一层 5～10mm 厚中砂，用以找平和减小张拉时地面对管节的摩擦力。

4）管节对接及拼装全程由专职信号指挥员负责指挥，指挥员与吊车司机配合，对管节进行微调。

管节对接过程如图 3.2-16 所示。

（3）涂胶和粘贴止水橡胶条

涂胶是综合管廊管节拼装中的一个关键环节，其材料和施工质量直接关系到管节能否黏结成为一个整体，还影响综合管廊的防水性和耐久性。管节之间的胶粘剂可选用环氧树脂胶，环氧黏结材料采用双组分成品，不应有对钢筋有腐蚀以及影响混凝土耐久性的成分。

1）选择合格的胶粘剂和遇水膨胀橡胶条。需要调查和选择有类似工程实例的产品，同时要根据工程当地气候条件，以及现场操作时间，确定产品的初凝时间。

图 3.2-16　管节对接

2）涂胶前需将接缝处混凝土表面的污迹、杂物、隔离剂清理干净。

3）涂胶应快速、均匀，采用双面涂胶，每个面涂胶厚度以满布企口为宜；用特制刮尺检查涂胶质量，并保证涂胶厚度。

4）考虑雨水淋湿混凝土面会使胶体无法与管节粘接，以及过强的阳光照射可能导致局部胶体过早初凝，现场应配备防雨、防晒设施。

5）预应力孔道口周围用环形海绵垫粘贴，避免管节挤压过程中胶体进入预应力孔道，造成孔道堵塞影响穿索。

橡胶止水胶条粘贴过程如图 3.2-17 所示。

图 3.2-17　橡胶止水胶条粘贴

（4）管节张拉锁紧

综合管廊预应力张拉工艺流程为：预应力筋、锚具和夹具安装检验→张拉设备校验→张拉设备定位安装→锚固→封端。

1）管节张拉

管节安装完后，通过设于四角的无粘接预应力筋张拉加强连接，张拉力为 1.5MPa；预应力筋为 7-Φs15.2 Ⅱ 级低松弛无粘接预应力钢绞线，每孔穿一根，通过预留的手孔井进行张拉。经张拉锁紧，管节被串联成有一定刚度的整体管道，通过张拉压缩胶圈、密封接口，起到抗御管节不均匀沉降的作用。

采用后张法进行张拉，材料选择无粘接预应力筋。其与有粘接预应力筋的区别在于预应力筋不与周围混凝土直接接触、不发生粘接；在其施工过程中，容许预应力筋与周围混凝土发生纵向相对滑动，预应力完全依靠锚具传递给混凝土。

预应力张拉主要是紧固管节，不承受结构受力，张拉力较小，锚固端的应力集中可以不考虑。张拉结束后，及时用 C30 细石混凝土将张拉手孔井进行封锚处理，防止钢绞线锈蚀和预应力损失。管节之间采用贯穿式连接再进行张拉，管节预应力张拉过程如图 3.2-18 所示。

2）孔道压浆

管节张拉完成后应及时进行孔道压浆。压浆前应对孔道进行注水湿润，通过单端压浆直至另一端出现浓浆为止；之后进行垫层与综合管廊底部间隙灌浆处理，同时需保证灌浆时饱满、密实且不漏浆。

灌浆材料选用强度等级为 M40 的水泥浆。将搅拌好的 M40 水泥浆直接从进浆孔注入，直至灌浆材料从周边出浆孔流出为止，利用自身的重力使垫层混凝土与综合管廊底板

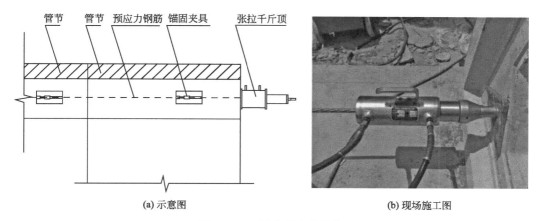

(a) 示意图　　　　　　　　　　　(b) 现场施工图

图 3.2-18　管节预应力张拉

之间充满水泥浆体。

（5）预制管节与现浇段连接

预制综合管廊端头节采用带钢边止水带提前预埋，并每隔 40cm 预埋钢筋接驳器。现浇段混凝土浇筑前提前将带螺纹钢筋拧入接驳器套筒连接，变形缝填充聚乙烯发泡填缝板，保证预制管节与现浇段的防水和抵抗变形作用。

连接处混凝土浇筑，侧壁模板和顶板模板均采用钢模板；先安装侧模板再安装顶板模板，接缝应严密不漏浆，必要时用腻子填塞。在钢筋施工时注意预留排水等各种管道，并且安装橡胶止水带，对变形缝进行处理。混凝土选用 C30 微膨胀型防水混凝土，完成现场浇筑后，需洒水进行覆盖养护。预制管节与现浇段接头连接大样图如图 3.2-19 所示，现场施工如图 3.2-20 所示。

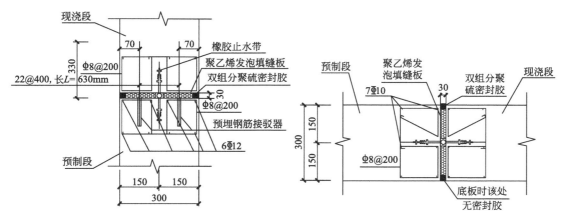

图 3.2-19　预制管节与现浇段接头连接大样图（单位：mm）

（6）管廊拼缝防水施工

综合管廊承插口端对接完成后，由于预制及施工误差，缝隙较大。因此首先填充砂浆至外侧 5cm 左右处，再用掺加环氧树脂的水泥浆填充至外侧凹槽处，最后涂抹双组分聚硫密封膏。填充砂浆一定要保证填料密实，涂抹双组分聚硫密封膏时不能漏涂，保证整个缝隙全部被覆盖。缝隙不同的填充材料如图 3.2-21 所示。

101

图 3.2-20 预制管节与现浇段接头连接现场施工图

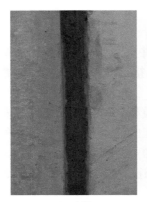 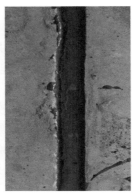 

(a) 砂浆   (b) 环氧树脂水泥浆   (c) 双组分聚硫密封膏

图 3.2-21 管节不同填充材料

双组分聚硫密封膏涂抹时应避开雨天及强光下施工，淋湿的混凝土表面、过强的阳光直射会使胶体无法与混凝土粘接并导致密封膏过早初凝。密封膏涂抹结束后，用特制刮尺检查密封膏质量，将涂抹面上多余的密封膏刮出。双组分聚硫密封膏涂抹过程如图 3.2-22 所示。

图 3.2-22 双组分聚硫密封膏涂抹

最后在综合管廊拼缝处粘贴 SBS 防水卷材。先把卷材铺好，用喷灯加热卷材和基层，待卷材表面溶化后随即向前滚铺；加热要均匀，滚压时不要卷入空气和异物，要求压实、压平。在卷材还未冷却前，用抹子把边封好，再用喷灯均匀细致地将缝封好；特别注意边缘部位，以防翘边。SBS 防水卷材粘贴如图 3.2-23 所示。

图 3.2-23　SBS 防水卷材粘贴

3. 检验验收

综合管廊管节拼装质量验收标准见表 3.2-4。

综合管廊预制管节拼装质量验收标准　　　　　　　　　　表 3.2-4

序号	控制项目	验收标准	检验方法
1	轴线位移	±10mm	用全站仪检查 3~8 处
2	内、外包尺寸	±10mm	用钢尺测量每孔 3~5 处
3	高度	±10mm	用水准仪测量
4	侧向弯曲	±5mm	用水准仪测量
5	钢筋保护层厚度	不允许漏水,结构表面可有少量湿渍,湿渍总面积不大于总防水面积的 0.1%、单个湿渍面积不大于 0.1m²,任意 100m² 防水面积不超过 1 处	目测,钢尺测量

3.3　分片预制装配施工技术

分片预制装配式综合管廊同属于预制综合管廊，与分段预制装配式综合管廊的预制产品为一段段管节不同，其预制产品为综合管廊墙板、顶板等预制构件。分片预制装配施工技术包括构件工厂生产和现场安装。

3.3.1　技术特点

（1）工厂预制方便，容易实现构件标准化生产。

（2）构件具有重量轻、体积小、体型简单、标准化程度高等优点，对运输以及吊装要求低，适用于多舱综合管廊。

（3）施工现场构件需要进行定位、垂直校正等工序，装配效率低于分段装配式，但高于现浇式。

（4）横向、纵向的节点较多，防水施工工作量较大。

3.3.2 构件生产

分片预制装配式综合管廊拆分为 4.2m 为一个标准节，既减少了竖向接缝，也保证了受力性能和防水功能；便于生产和运输，施工效率也可得到大大提升。预制构件均为"一"字形，制作、运输方便；连接方式简单可靠，便于工人掌握和熟练操作，提高了施工过程中技术质量有效性和安全防护稳定性。侧壁顶部和底部倒角随侧壁一起预制，上部外侧 50mm 宽的混凝土预制到侧壁顶，节省了顶板两边的模板。

基于 BIM 技术对分片预制装配式综合管廊的构件进行深化设计。采用 Revit 和 Planbar 软件对构件进行三维建模，建立了构件信息模型，具有钢筋准确定位和材料数量统计的优势，为工厂制作提供了数据基础。制作工艺根据信息模型对每一个工位进行整体分析，保证产品质量，提高生产效率。构件采用工厂标准化生产，车间布置如图 3.3-1 所示。

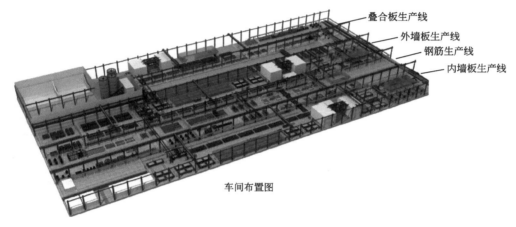

图 3.3-1　工厂车间布置示意图

1. 钢筋加工

钢筋加工主要内容包括侧墙水平及竖向钢筋、叠合板钢筋焊接网片、叠合板钢筋桁架、底板钢筋、顶板上层负弯矩钢筋、现浇段钢筋等。

（1）侧墙水平及竖向分布环形钢筋

侧墙水平及竖向分布环形钢筋加工主要通过钢筋截断、调直机与钢筋弯曲成型机进行，钢筋的连接方式为搭接连接。直径大于等于 12mm 棒材钢筋与直径小于 12mm 钢筋分别在钢筋截断机、调直机上根据设计要求截好下料长度，搬运至弯曲机位置进行弯曲。弯曲前，根据不同钢筋直径选择相应的弯曲模具，并在主操作屏上设置好相应参数。操作时，1 人操作主控制系统，2 人将钢筋准确对位进行自动弯曲。钢筋弯曲成型后，应复核相应尺寸和规格，标识清楚后放置堆放架上堆放整齐。侧墙竖向及水平钢筋搭接接头百分率应不大于 50%，搭接长度应符合相关规定。

（2）钢筋焊接网片加工

钢筋焊接网片主要用于叠合板受力钢筋，焊接网全部采用电阻焊。焊接钢筋网片钢筋

网格间距为 150mm×150mm，网片宽度
为 1.8～2.4m。首先根据加工图纸在钢筋
调直切断机上下好料备用，然后运至焊网
机处进行焊接。一端根据调整好的设计参
数逐根放入纵向钢筋，横向钢筋放置在操
作架上自动滑落；钢筋焊接前应调整好设
备参数，进行试焊，达到设计要求后方可
连续焊接。钢筋焊接网交叉点开焊数量不
应超过整张焊接网交叉点总数的 1%，焊
接网最外侧钢筋上的交叉焊点不应开焊，
焊接网表面不应有影响使用的缺陷。钢筋
网片焊接如图 3.3-2 所示。

图 3.3-2　钢筋网片焊接

（3）钢筋桁架

钢筋桁架主要用于叠合板。项目设计桁架高度为 85mm，宽度为 150mm，桁架筋长
度同叠合板跨度；桁架腹杆钢筋采用直径 4mm 冷拔丝，上下弦钢筋采用直径 8mm 的
HRB400 级钢筋。

（4）其他钢筋加工

主要包括内墙竖向筋、水平筋、拉钩及现浇段钢筋等，与传统钢筋加工工艺相同。现
浇段钢筋采用工厂加工配送。

（5）钢筋允许偏差

预制构件用钢筋半成品、钢筋网片、钢筋骨架和钢筋桁架应检查合格后进行安装。钢
筋成品的尺寸允许偏差见表 3.3-1。钢筋桁架的尺寸允许偏差见表 3.3-2。

钢筋成品的尺寸允许偏差　　　　　　　　　　表 3.3-1

项目			允许偏差(mm)
钢筋网片	长、宽		±5
	网眼尺寸		±10
	对角线		5
	端头不齐		5
钢筋骨架	长		0,−5
	宽		±5
	高(厚)		±5
	主筋间距		±10
	主筋排距		±5
	箍筋间距		±10
	弯起点位置		15
	端头不齐		5
	保护层	柱、梁	±5
		板、墙	±3

钢筋桁架的尺寸允许偏差 表 3.3-2

项次	检验项目	允许偏差(mm)
1	长度	总长度±0.3%,且不超过±10
2	高度	+1,-3
3	宽度	±5
4	扭翘	≤5

2. 墙体加工

墙体分为两边墙和中间墙。两边墙上下出环形钢筋,在墙宽方向布置两道凹槽,粘贴止水条。中间墙上出胡子筋、下为套筒。墙体的生产线工艺流程见图 3.3-3。

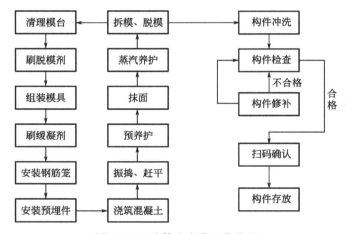

图 3.3-3 墙体生产线工艺流程

(1) 清模刷油

模台在使用前应进行清扫处理,确保模台表面清洁,无锈迹、无污染。模台清扫由清扫机自动清扫底模的表面和侧面至无锈蚀状态。模台的刷油由喷油机向清扫后的模台表面雾化喷洒脱模剂并形成一层薄膜。模台生产线如图 3.3-4 所示。

(2) 划线

模台的划线由机械手根据控制系统提供的数据,通过激光定位对模台平面进行扫描,按照 1:1 比例在模台上标绘出侧模板及预留孔洞位置,模台划线如图 3.3-5 所示。

(3) 钢筋网安放

通过行吊设备将预先制作的环形钢筋网吊运至模台上,按照划线位置就位;安放保护层垫块,钢筋保护层垫块应呈梅花状分布且间距不宜大于 600mm。保护层厚度按设计图纸确定。保护层垫块可采用塑料垫块。放置完毕后,钢筋骨架应按划线位置和设计图复检钢筋位置、直径、间距、保护层等。

(4) 模板安装

根据墙体尺寸选用相应长度尺寸的外墙侧模板。钢筋网放好后,先安装墙高方向侧模,后安装墙宽方向侧模。确保侧模板安装位置准确,固定牢固,模板连接处拼缝严密。

图 3.3-4 模台生产线

图 3.3-5 模台自动划线

（5）预埋件固定

吊点预埋螺母固定：吊点预埋螺母采用磁吸固定在墙宽方向侧模板的内侧，每片墙板设置两个吊点，吊点位置设置在墙板两端四分之一墙宽处。

墙板斜支撑支撑点螺母固定：每片墙板两侧各设置两个斜支撑支撑点，每个支撑点设置一个预埋内螺母，高度宜设置在墙高 2/3 处；螺母采用绑扎方式固定，将螺母绑扎在墙体钢筋上，并确保位置准确、固定牢靠。

模具上预埋件和预留孔洞应定位允许偏差和检验方法见表 3.3-3。

模具上预埋件和预留孔洞定位允许偏差和检验方法 表 3.3-3

项次	检验项目		允许偏差（mm）	检验方法
1	预埋钢板	中心线位置	3	用尺量测纵横两个方向的中心线位置,记录其中较大值
		平面高差	±2	钢直尺和塞尺检查
2	吊环	中心线位置	3	用尺量测纵横两个方向的中心线位置,记录其中较大值
		外露长度	0,−5	用尺量测
3	预埋螺栓	中心线位置	2	用尺量测纵横两个方向的中心线位置,记录其中较大值
		外露长度	+5,0	用尺量测
4	预埋螺母	中心线位置	2	用尺量测纵横两个方向的中心线位置,记录其中较大值
		平面高差	±1	钢直尺和塞尺检查
5	预留洞	中心线位置	3	用尺量测纵横两个方向的中心线位置,记录其中较大值
		尺寸	+3,0	用尺量测纵横两个方向尺寸,取其最大值
6	灌浆套筒及插筋	灌浆套筒中心线位置	1	用尺量测纵横两个方向的中心线位置,记录其中较大值
		连接钢筋中心线位置	1	用尺量测纵横两个方向的中心线位置,记录其中较大值
		连接钢筋长度	+5,0	用尺量测

（6）混凝土浇筑

混凝土浇筑前，应对模具、钢筋、预埋件、预留孔洞等进行逐项检查验收，并做好隐

图 3.3-6　混凝土布料

蔽工程记录。

底模上安置边模和钢筋后，传送至混凝土布料工位；混凝土从搅拌站运送到布料系统，混凝土布料机将混凝土浇筑至底模上。混凝土布料如图 3.3-6 所示。

混凝土浇筑应连续进行，如因故必须间断时，其间断时间应小于前一层混凝土的初凝时间。混凝土浇筑时应保证模具、钢筋、预埋件、预留孔洞等不发生变形或移位，发现偏差应采取措施及时纠正。混凝土的密实程度可通过低频水平振动和高频垂直振动实现，振动频率根据构件种类不同可无级变速。

（7）修复磨平

模台移动至打磨修复工位后，控制面板总控系统控制打磨修光机对构件表面进行打磨修光。

（8）混凝土养护

浇筑好的预制构件连同模台送入立体养护仓室指定位置进行养护，养护仓的外层由复合夹心材料组成（钢-聚氨酯-钢），通过养护仓门的开启和锁闭实现进入或封闭养护仓，养护仓一般有 30～70 个工位。预制构件养护仓如图 3.3-7 所示。

图 3.3-7　预制构件养护仓

预制构件连同底模送入养护仓后，在（50±5）℃的条件下养护 6～8h。养护仓采用抽屉式，由控制系统控制各空间的养护温度和养护时间，相互独立控制，提高养护效率。

预制混凝土构件蒸汽养护应严格控制温度升降速率及最高温度。升温速率应为（10～20）℃/h，降温速率不宜大于 10℃/h，并采用薄膜覆盖或加湿等措施防止预制构件干燥。

（9）构件脱模

预制构件养护完成后，将模台连同预制构件从养护室中取出，输送到指定的脱模工位，拆除侧模和内模。

侧模和内模根据模具组装特点，遵循"先装后拆，后装先拆"的原则，采用分散拆除的方法按顺序拆除。拆除时不得使用振动预制构件的方式拆模，严禁撬动，以免造成成品构件缺棱掉角。

侧模和内模模板拆卸后，按模具编号分类堆放，进行清理、刷油保养。拆卸下来的螺栓、螺杆等小配件分类集中堆放，清理、刷油、保养。

（10）构件吊运

预制构件起吊时混凝土立方体抗压强度应满足设计要求，无设计要求时，不应低于设计混凝土强度等级的 75%。

检查桁吊设备运转是否正常，吊链、扎丝绳、"T"形钢板连接件、高强螺栓等是否有损坏及断裂，若发现安全隐患，立即进行更换。检查预制构件吊点处混凝土是否有破裂现象，若发现吊点处混凝土有破裂，须采取相应的加固措施或调整吊装方式。

由侧立架进行模台翻转，在液压缸作用下，支架锁紧装置锁紧模台后，模台与预制构件绕转轴转动到接近垂直位置。相对于水平起吊，侧立架不仅提高了大型预制构件的起吊效率，还能更好地保护构件在起吊过程中不受损坏。

用高强螺栓将"T"形钢板连接件与构件预埋套筒拧紧，再将捯链或扎丝绳与吊装连接件连接，即可进行脱模及吊装作业。

用桁吊设备将养护好的预制构件吊离模台，通过构件运输车或平板车将构件从生产车间转移到室外堆场，脱模后的空模台送回到流水线上。

堆放场应选择平整坚实的地面，场内设施应满足施工要求；构件临时堆放区应按构件种类进行合理分区。

（11）质量检验

预制墙外形尺寸允许偏差及检验方法见表 3.3-4。

预制墙外形尺寸允许偏差及检验方法　　　　　　　　　　　　　　表 3.3-4

项次	检查项目		允许偏差（mm）	检验方法
1	墙板规格尺寸	高度	±4	用尺量两端及中间部,取其中偏差绝对值较大值
2		宽度	±4	用尺量两端及中间部,取其中偏差绝对值较大值
3		厚度	±3	用尺量板四角和四边中部位置共 8 处,取其中偏差绝对值较大值
4	对角线差		5	在构件表面,用尺量测两对角线的长度,取其绝对值的差值
5	表面平整度	内表面	4	用 2m 靠尺安放在构件表面,用楔形塞尺量测靠尺与表面之间的最大缝隙
		外表面	3	
6	外形	侧向弯曲	$L/1000$ 且 $\leqslant 20mm$	拉线,钢尺量最大弯曲处
7		扭翘	$L/1000$	四对角拉两条线,量测两线交点之间的距离,其值的 2 倍为扭翘值

项次	检查项目			允许偏差 （mm）	检验方法
8	预埋件	预埋 钢板	中心线位置 偏移	5	用尺量测纵横两个方向的中心线位置，记录其中较大值
			平面高差	0，−5	用尺紧靠在预埋件上，用楔形塞尺量测预埋件平面与混凝土面的最大缝隙
9	预埋件	预埋 螺栓	中心线位置 偏移	2	用尺量测纵横两个方向的中心线位置，记录其中较大值
			外露长度	+10，−5	用尺量测
10		预埋 套筒、 螺母	中心线位置 偏移	2	用尺量测纵横两个方向的中心线位置，记录其中较大值
			平面高差	0，−5	用尺紧靠在预埋件上，用楔形塞尺量测预埋件平面与混凝土面的最大缝隙
11	预留孔		中心线位置偏移	5	用尺量测纵横两个方向的中心线位置，记录其中较大值
			孔尺寸	±5	用尺量测纵横两个方向尺寸，取其最大值
12	预留洞		中心线位置偏移	5	用尺量测纵横两个方向的中心线位置，记录其中较大值
			洞口尺寸、深度	±5	用尺量测纵横两个方向尺寸，取其最大值
13	吊环		中心线位置偏移	10	用尺量测纵横两个方向的中心线位置，记录其中较大值
			与构件表面混凝土高差	0，−10	用尺量测
14	灌浆套筒及连接钢筋		灌浆套筒中心线位置	2	用尺量测纵横两个方向的中心线位置，取其中较大值
			连接钢筋中心线位置	2	用尺量测纵横两个方向的中心线位置，取其中较大值
			连接钢筋外露长度	+10，0	用尺量测

注：表中 L 为预制墙体的长边尺寸。

3. 叠合板加工

项目叠合顶板总厚度为 300mm，其中工厂预制 100mm，现场现浇 200mm；叠合板跨度为 3010mm、2310mm，宽度为 2100mm。

单页叠合板的生产线工艺流程见图 3.3-8。

（1）清模刷油

模台在使用前应进行清扫处理，确保模台表面清洁，无锈迹、无污染。

（2）划线

模台的划线由机械手根据控制系统提供的数据，通过激光定位对模台平面进行扫描，按照 1∶1 比例在模台上标绘出侧模板位置。

（3）钢筋网安放

通过行吊设备将预先制作的板钢筋骨架吊运至模台上，按照划线位置就位，安放保护层垫块，钢筋保护层垫块应呈梅花状分布且间距不宜大于 600mm。放置完毕后，钢筋骨架应按划线位置和设计图复检钢筋位置、直径、间距、保护层等。

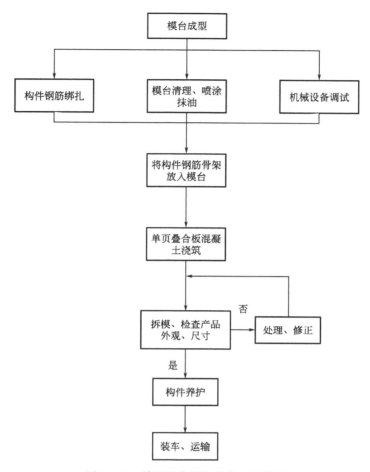

图 3.3-8 单页叠合板生产线工艺流程

（4）模板安装

叠合板侧模板采用 L100mm×100mm×10mm，根据板尺寸、钢筋配置情况等选用相应型号的模板。

钢筋网放好后，按照划线位置，先安装板长方向侧模，后安装板宽方向侧模。每侧模板采用两个磁盒固定，固定位置设在模板的三等分处。侧模板安装应位置准确、固定牢固，模板连接处拼接严密。

侧模板就位后应在模板内侧均匀涂抹一层缓凝剂，便于脱模后墙板侧面冲水作业。用橡胶条堵封环筋处模板孔，防止漏浆。

（5）混凝土浇筑

混凝土布料系统由料斗、料斗运转桁架、螺旋下料系统及闸门组成，由操作系统控制下料斗在桁架上运动，依照构件尺寸和构件所需混凝土厚度进行布料，操作系统通过控制每一组小阀门开闭来控制混凝土布料区域、布料速度和布料厚度，减少人力和材料浪费。

模板、钢筋及预埋件安装固定完成后，应检查预埋件位置的准确度，不合格的应调整位置，使之满足要求。全部预埋件位置合格后，方可浇筑混凝土。将模台传送至混凝土布料工位，混凝土从搅拌站运送到布料系统，布料机将混凝土浇筑至构件。

混凝土浇筑应连续进行，如因故必须间断时，其间断时间应小于前一层混凝土的初凝时间。浇筑混凝土时，注意观察模具、钢筋骨架等，如有异常，应及时采取措施补强、纠正。

为保证混凝土密实和构件边缘整齐，混凝土振捣通过液压振动台进行。混凝土的密实程度可通过低频水平振动和高频垂直振动实现，叠合板振捣频率最大不宜超过 40Hz，振捣时间不少于 1min，直至构件表面翻浆没有起泡产生。

（6）构件拉毛

叠合板混凝土振捣完成后通过车间摆渡装置，传送模台至拉毛工位，施工人员操作拉毛机对混凝土表面进行毛化处理，便于后浇混凝土的结合。拉毛划痕深度不应小于 6mm，间距不大于 10cm。

（7）构件养护

浇筑好的叠合板连同模台通过码垛机送入立体养护仓室指定位置进行养护，通过养护仓门的开启和锁闭进入或封闭养护仓。

预制构件连同底模送入养护仓后，在 50±5℃ 的条件下养护 6～8h，养护仓采用抽屉式，由控制系统控制各空间的养护温度与养护时间，相互独立控制，提高养护效率。

（8）拆模与吊装

叠合板养护完成后，通过码垛机将模台连同预制构件从养护室中取出，输送到指定的脱模工位，拆除侧模。模板拆卸后，按模具编号分类堆放，进行清理、刷油保养。拆卸下来的螺栓、螺杆等小配件分类集中堆放、清理、刷油、保养。

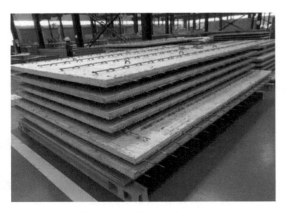

图 3.3-9　单页叠合顶板

叠合板吊装采用专用吊装架进行，每块板吊装点不得少于 4 个，吊装时应保证构件平稳，及时检查预制构件吊点处混凝土是否有破裂现象，若发现吊点处混凝土有破裂，须采取相应的加固措施或调整吊装方式。

制作完成的叠合顶板如图 3.3-9 所示。

（9）质量检验

预制叠合顶板外形尺寸允许偏差及检验方法见表 3.3-5。

预制顶板外形尺寸允许偏差及检验方法　　　　　　　　　　表 3.3-5

项次	检查项目		允许偏差（mm）	检验方法
1	规格尺寸	长度	±5	用尺量两端及中间部，取其中偏差绝对值较大值
2		宽度	±5	用尺量两端及中间部，取其中偏差绝对值较大值
3		厚度	±5	用尺量板四角和四边中部位置共 8 处，取其中偏差绝对值较大值

项次	检查项目			允许偏差（mm）	检验方法
4	对角线差			6	在构件表面,用尺量测两对角线的长度,取其绝对值的差值
5	外形	表面平整度	内表面	4	用 2m 靠尺安放在构件表面上,用楔形塞尺量测靠尺与表面之间的最大缝隙
			外表面	3	
6		楼板侧向弯曲		$L/750$ 且 $\leqslant 20mm$	拉线,钢尺量最大弯曲处
7		扭翘		$L/750$	四对角拉两条线,量测两线交点之间的距离,其值的 2 倍为扭翘值
8	预埋件	预埋钢板	中心线位置偏移	5	用尺量测纵横两个方向的中心线位置,记录其中较大值
			平面高差	0,−5	用尺紧靠在预埋件上,用楔形塞尺量测预埋件平面与混凝土面的最大缝隙
9		预埋螺栓	中心线位置偏移	2	用尺量测纵横两个方向的中心线位置,记录其中较大值
			外露长度	+10,−5	用尺量测
10	预留孔	中心线位置偏移		5	用尺量测纵横两个方向的中心线位置,记录其中较大值
		孔尺寸		±5	用尺量测纵横两个方向尺寸,取其最大值
11	预留洞	中心线位置偏移		5	用尺量测纵横两个方向的中心线位置,记录其中较大值
		洞口尺寸、深度		±5	用尺量测纵横两个方向尺寸,取其最大值
12	吊环	中心线位置偏移		10	用尺量测纵横两个方向的中心线位置,记录其中较大值
		留出高度		0,−10	用尺量测
13	桁架钢筋高度			+5,0	用尺量测

注：表中 L 为预制叠合顶板长边的尺寸。

4. 构件运输与存放

预制构件运输前应编制专项运输方案,并对道路运输条件进行核查。预制构件运输、存放时应符合下列规定:

(1) 预制构件运输时,混凝土强度应达到设计要求。

(2) 运输宜选用平板车,车上宜设专用运输架。

(3) 预制构件支承位置和方式应计算确定,支承的集中荷载不得超过构件正常使用极限状态荷载。

(4) 预制构件运输时应绑扎牢固;预制构件与其他物体的接触部位,宜采用衬垫加以保护。

(5) 预制叠合顶板运输、存放时应沿垂直受力方向设置垫块,每层间的垫块应上下对齐,分层平放时叠放层数不应大于 6 层。

(6) 预制墙体宜采用专用靠放架或插架立放,靠放架或插架应具有足够的强度、刚度和稳定性,支垫应稳固,并应保证外露钢筋不变形、不破坏。

（7）预制构件宜按吊装顺序和型号分类存放；存放场地应平整、坚实，沉降差不应大于 5mm，并应有排水措施。

预制构件运输架如图 3.3-10 所示。

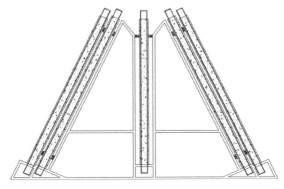

图 3.3-10　预制构件运输架示意图

3.3.3　构件安装

1. 安装工艺流程

依照预制构件拆分及连接节点构造确定分片预制装配式综合管廊构件安装工艺流程见图 3.3-11。

2. 技术要点

（1）底板施工

1）底板钢筋绑扎

底板一般采用现浇方式，按照设计的钢筋型号、间距布置双排双向钢筋。宽度方向为环形钢筋，在外侧。纵向钢筋为直筋，两头弯折。在垫层上按两侧已施工完成的综合管廊位置进行定位放线。按钢筋间距弹出钢筋位置，根据弹线绑扎钢筋。

底板钢筋绑扎如图 3.3-12 所示。

2）套筒连接钢筋定位

综合管廊底板现浇，中间墙体套筒连接钢筋需出板顶 150mm，保证伸入上部预制中间墙体的套筒长度，如图 3.3-13 所示。钢筋定位钢板在工厂加工，并按设计钢筋位置和间距进行钢板开孔，进场前将须进行质量验收，不合格的定位钢板须重新加工开孔。安装精度可通过红外线仪器精确定位，并由质检员逐个验收，确保安装合格之后方可浇筑混凝土。

3）底板浇筑

底板分两次浇筑。第一次浇筑时，在综合管廊宽度方向两侧留 200mm×1000mm 通长水平现浇节点，中间 4750mm 范围底板混凝土浇筑 300mm 高。然后在两侧墙体安装找正、固定及纵向钢筋穿入环形钢筋后，二次浇筑水平接缝。

底板浇筑完毕后及时进行板面清理，墙体接头处清除浮浆，拉毛处理，保证预制墙体安装时接头灌浆结合可靠。并对现浇节点部位进行凿毛处理，保证上下层混凝土充分地连接。

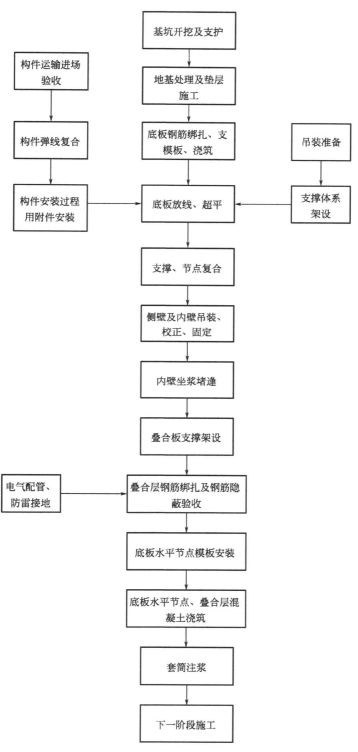

图 3.3-11 分片预制装配式综合管廊安装工艺流程

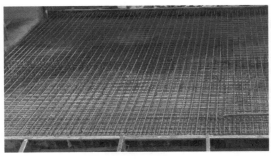

图 3.3-12　底板钢筋绑扎　　　　　　　　图 3.3-13　套筒连接钢筋

（2）吊装准备

1）预制构件进场前根据构件拆分图编号做好标记，可直观表示出构件位置；吊装作业时工人可依据构件拆分编号图进行吊装，便于吊装和指挥操作。

2）对进场检验合格的构件进行尺寸复核及弹线，作为构件水平及标高安装测量基准，可节省吊装校正时间，利于安装质量控制。

3）墙体和叠合板吊装采用钢板横吊梁，以确保吊装过程构件各处受力均匀，防止吊装不当对构件产生破坏。各类预制构件在生产过程中留置内吊装杆，采用专用吊钩与吊装绳连接；叠合板吊装采用 4 个卸扣挂在钢筋桁架上弦纵筋，对称进行吊装。

4）竖向构件斜支撑、上层叠合顶板支撑等需在构件起吊前安装就位，以便加快后续安装施工进度及保证施工质量及安全。

5）构件吊装之前，将现浇配筋按照图纸数量准备到位，并做好分类、分部位捆扎，便于钢筋吊装及安装。

（3）施工接缝预留

1）为了保证现浇底板能够与预制侧壁形成环筋扣合连接，底板横向钢筋两端在侧壁位置预留环形钢筋，并且严禁在环筋扣合处搭接成型。

2）为了保证底板与内壁形成钢筋套筒灌浆连接，在内壁预埋套筒对应的底板位置预留插入套筒的钢筋，伸出长度应满足伸入上部预制内壁套筒的长度。

3）根据图纸钢筋定位尺寸在加工区制作钢筋定位套板，套板使用 5mm 厚钢板制作。

（4）墙体吊装与加固

1）试吊

① 构件起吊至离地 300mm，检查塔吊的刹车性能以及吊具、索具是否可靠，构件外观质量及吊环连接无误后方可进行正式吊装工序，起吊要求缓慢匀速，保证构件边缘不被损坏。

② 试吊时应检查构件是否水平，各吊点受力情况是否均匀，各吊钩受力均匀后方可起吊至施工位置。

2）墙体吊装

① 墙体吊装应采用慢起、快升、缓放的操作方式，保证构件平稳放置。

② 墙体吊装时，起吊、回转、就位与调整各阶段应有可靠的操作与施工措施，以防构件发生扭转与变形。

③ 墙体安装前，需对墙体标高支承垫块先进行测设。当墙体安装定位线弹完后，开始垫块位置测量工作；垫块靠边线放置，同一墙板下 2 组垫块对称错开放置；当墙板下超过 3 组垫块时，中间垫块比两边低 1mm。垫块放置厚度按最少垫块数量搭配，有利于减少误差和节约垫块；大厚度垫块采用与现浇节点相同强度等级的混凝土进行预制及养护，厚度 10mm 及以下垫块采用聚四氟塑料板或钢板进行配置。

④ 墙体通过吊具起吊平稳后再匀速转动吊臂，靠近综合管廊后由吊装工人用钩子接住缆风绳，将墙体拉到安装位置上方；当吊装吊至作业层上方 600mm 左右时，施工人员协助扶持缓缓下降墙体。两侧墙体在垂直位降落至设计标高时，墙体水平环形钢筋直接套在后浇筑环形钢筋上就位，如图 3.3-14 所示。中间墙体的套筒要与底板预留钢筋对正，如果个别钢筋无法正常进入套筒内，应及时调整以保证所有钢筋与套筒一一对应连接，如图 3.3-15 所示。

图 3.3-14　外侧墙吊装

图 3.3-15　内隔墙吊装

⑤ 吊装工人按照定位线将墙体落在初步安装位置，整个调整过程钢丝绳不可以脱钩且必须承担部分构件重量。平面位置的调节主要为墙板在平面上进出和左右位置的调节，平面位置误差不得超过 2mm。

⑥ 墙体标高调节必须以墙上的标高及水平控制线作为控制重点，标高的允许误差为 2mm，确保偏差控制在允许范围内，若出现超出允许的偏差应由技术负责人与监理、设计、业主代表协商解决。

3）墙体加固

① 墙体安装采用临时斜支撑固定，临时斜支撑底部固定在底板上，如图 3.3-16 所示。墙体安装就位后立即安装墙体临时斜支撑，用螺栓将临时斜支撑杆安装在预制墙体及现浇板预埋的螺栓连接件上。临时斜支撑型号和支撑间距需由计算确定，每块墙的斜支撑不得少于 2 个。

② 临时斜支撑点与墙底板的距离不宜小于墙体高度的 2/3，且不应小于墙体高度的 1/2，临时斜支撑应与墙体可靠连接。

③ 两侧墙体临时支撑安装在墙体的内侧面，中间墙体临时支撑安装在墙体的两侧，临时支撑与楼板面的夹角宜在45°～60°之间。

④ 利用临时斜支撑调节杆，通过可调节装置调节墙体顶部水平位移以调整其垂直度，并用2m靠尺检查墙体垂直度，保证墙板垂直度满足要求。

（5）叠合顶板吊装与加固

1）安装支撑体系

① 叠合板吊装前，叠合板临时支撑搭设完成。

② 叠合板下部支撑宜选用定型独立钢支撑或三角支撑，临时支撑的间距及其与墙边的净距应计算确定。

③ 根据施工图纸，检查叠合板构件类型，确定安装位置，对叠合板吊装顺序进行编号。

④ 根据施工图纸，弹出叠合板的水平及标高控制线，同时对控制线进行复核。

叠合顶板临时竖向支撑如图3.3-17所示。

图 3.3-16　临时斜支撑施工

图 3.3-17　临时竖向支撑安装

2）叠合顶板吊装

① 叠合板吊装时设置四个吊装点，吊装通过板顶部预埋吊环进行，吊点在顶部合理对称布置，制作一个型钢吊装架，使叠合板的起吊钢丝绳垂直受力，防止叠合板吊装时折断。

② 叠合板吊装过程中，在作业层上空300mm处略作停顿，根据叠合板位置调整叠合板方向进行定位。

③ 吊装过程中注意避免叠合板上预留钢筋与墙体的竖向钢筋碰撞，叠合板停稳慢放，以免吊装放置时冲击力过大导致板面损坏。

④ 叠合板伸到墙体内不小于10mm。

⑤ 叠合板就位校正时，采用楔形小木块嵌入调整，不得直接使用撬棍调整，以免造成板边损坏。

叠合顶板吊装如图 3.3-18 所示。

（6）现浇节点施工

1）墙体水平节点钢筋绑扎

① 每片墙体吊装就位完成后，应及时穿插水平接缝处纵向钢筋，水平纵向钢筋分段穿插，采用搭接连接，搭接长度应符合设计要求。

② 钢筋穿插到位后及时绑扎牢固。

③ 墙体转角处水平钢筋弯折锚入现浇暗柱内。

图 3.3-18　叠合顶板吊装施工

2）叠合板钢筋绑扎

① 根据在叠合板上方钢筋间距控制线进行钢筋绑扎，保证钢筋搭接和间距符合设计要求。同时利用叠合板桁架钢筋作为上层钢筋的马凳，确保上层钢筋的保护层厚度。

② 叠合板之间接缝宽 200mm，采用预留环形钢筋相互扣合锚接，内部穿纵向钢筋，连接构造如图 3.3-19 所示：

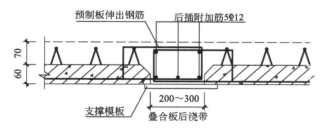

图 3.3-19　叠合板间水平连接构造（单位：mm）

3）叠合板及墙体水平接缝混凝土浇筑

① 叠合板混凝土浇筑前，应进行隐蔽工程验收，并做好验收记录。

② 叠合板混凝土浇筑前，预制顶板表面应清理干净并洒水湿润，但不能有积水。

③ 叠合板混凝土与水平节点混凝土一起浇筑。

④ 叠合板混凝土浇筑时，为了保证叠合板及支撑受力均匀，混凝土浇筑采取从四周向中间对称浇筑，连续施工，一次完成。同时使用平板振动器振捣，确保混凝土振捣密实。

⑤ 根据顶板标高控制线控制板厚；浇筑时采用 2m 刮杠将混凝土刮平，随即进行混凝土抹面。

4）套筒灌浆

使用灌浆泵（枪）从接头下方灌浆孔处向套筒内压力灌浆。封堵灌浆、排浆孔，巡视构件接缝处有无漏浆；接头灌浆时，待接头上方排浆孔流出浆料后，及时用专用橡胶塞封堵。灌浆泵（枪）口撤离灌浆孔时，也应立即封堵。通过水平缝连通腔一次向构件的多个接头灌浆时，应按出浆先后依次封堵灌浆排浆孔，封堵时灌浆泵（枪）保持灌浆压力，直至所有灌浆排浆孔出浆并封堵牢固后方可停止灌浆。

① 按产品使用要求计量灌浆料和水的用量，并搅拌均匀；每次拌制的灌浆料拌合物

应进行流动度检测，其流动度应满足施工要求。

② 灌浆料拌合物应在制备后 30min 用完。

③ 灌浆作业应采用压浆法从下口灌浆，浆料从上口流出后应及时封堵。

④ 灌浆施工时，环境温度不应低于 5℃；当连接部位温度低于 10℃时，应采取加热保温措施。

⑤ 对构件接缝的外沿应进行封堵，选择专用封缝料、密封条等，保证封堵严密、牢固可靠。

⑥ 灌浆操作全过程应有专职质检人员负责旁站监督并及时填写施工质量检查记录。

套筒灌浆施工如图 3.3-20 所示。

5）环筋扣合混凝土浇筑

① 预制构件结合面疏松部分的混凝土应剔除并清理干净。

图 3.3-20 套筒灌浆施工

② 模板安装尺寸及位置应正确，加固可靠，并应防止漏浆。

③ 混凝土浇筑前应洒水湿润结合面，现浇混凝土宜采用补偿收缩或微膨胀混凝土，强度宜提高一个等级，混凝土应振捣密实。

④ 现浇混凝土的强度达到设计要求后，方可拆除临时支撑。

（7）防水施工

1）施工缝防水施工

① 施工缝使用的防水材料应符合设计要求。

② 水平施工缝浇筑混凝土前，应将表面浮浆清除至坚实部位，并洒水湿润，底部应先铺设与混凝土同配合比的水泥砂浆。

③ 预制构件与现浇混凝土结合面以及预制构件间拼接缝部位应采取止水措施。

④ 施工缝防水构造包括保护层、防水层、防水加强层、遇水膨胀止水条、自密实微膨胀混凝土。侧墙与底板连接处防水构造见图 3.3-21，节段拼接处侧墙与侧墙连接部位防水构造见图 3.3-22。

2）变形缝防水施工

① 变形缝处的底板及外侧墙体结构厚度不应小于 300mm。

② 变形缝两侧结构厚度不同时，在变形缝两侧 500mm 范围内的现浇混凝土结构应做等厚、等强处理。

③ 变形缝内、外侧均应嵌填密封材料，嵌填应饱满、均匀，表面顺直、平滑，厚度应符合设计要求。

④ 侧墙变形缝部位的中埋式止水带与外贴式止水带，应在支模时预铺，嵌缝应在混凝土浇筑完成后实施。

⑤ 底板变形缝防水构造包括垫层、底板防水层、聚乙烯泡沫棒、防水加强层、保护层、外贴式止水带、软质嵌缝板、中埋式橡胶止水带、密封胶。底板变形缝防水构造见图 3.3-23。

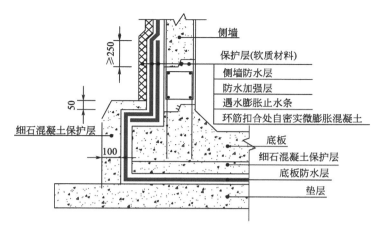

图 3.3-21　侧墙与底板连接处防水构造（单位：mm）

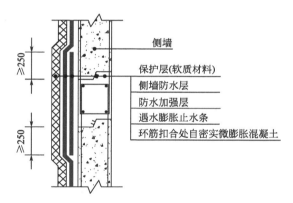

图 3.3-22　节段拼接处侧墙与侧墙连接部位防水构造（单位：mm）

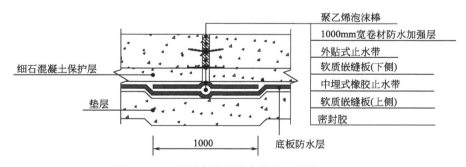

图 3.3-23　底板变形缝防水构造（单位：mm）

⑥ 侧墙变形缝防水构造包括保护层、侧墙防水层、防水加强层、外贴式止水带、软质嵌缝板、遇水膨胀止水条、密封胶。侧墙变形缝防水构造见图 3.3-24。

3）柔性防水

① 综合管廊外墙防水，宜采用防水卷材防水，施工工艺和质量标准应符合《地下工程防水技术规范》GB 50108 的相关要求。

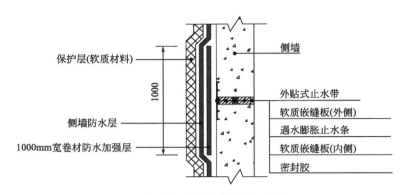

图 3.3-24　侧墙变形缝防水构造（单位：mm）

② 若采用涂料防水，施工工艺和质量除应符合相关规定外，在墙板连接缝处还应采取防开裂措施。

（8）检验验收

分片预制装配式综合管廊构件安装完后，预制构件位置和尺寸的允许偏差及检验方法应符合设计要求；当设计无具体要求时，应符合表 3.3-6 的规定。

预制构件位置和尺寸允许偏差及检验方法　　　　表 3.3-6

项目			允许偏差(mm)	检验方法
构件轴线位置	竖向构件(预制墙)		8	经纬仪及尺量
	水平构件(叠合板)		5	
标高	预制墙顶板、顶面		±5	水准仪或拉线、尺量
构件垂直度	预制墙安装后的高度	≤6m	5	经纬仪或吊线、尺量
		>6m	10	
相邻构件平整度	叠合板	外露	3	2m靠尺和塞尺量测
		不外露	5	
	预制墙	外露	5	
		不外露	8	
倾斜度	叠合板		5	经纬仪或尺量
构件搁置长度	叠合板		±10	尺量
支座、支垫中心位置	叠合板、预制墙		10	尺量
接缝宽度			±5	尺量

3.4　叠合预制装配施工技术

叠合预制装配式技术是采用叠合墙、叠合板、叠合梁等叠合式预制构件的安装，辅以现浇叠合层及加强部位混凝土结构，形成共同工作的整体受力结构的预制装配施工技术；

具有施工周期短、质量易控制、构件观感好、减少现场湿作业、节约材料、低碳环保、防水性能好等特点。

3.4.1　技术特点

（1）综合现浇和预制优点，结构整体性好。叠合式预制墙板为预制混凝土构件，辅以必要的现浇叠合层钢筋混凝土结构，大大提高了结构体系的整体性，有利于保证整体强度和结构防水效果。

（2）生产工厂化，预制精度高。叠合预制综合管廊装配施工所需的叠合构件在 PC 工厂内完成，将构件分为双页叠合墙、单页叠合板，工业化生产，精细化管理，产量质量有保证。

（3）叠合构件现场拼装，节点部位现场浇筑，施工效率高。综合管廊主体结构在施工现场由汽车吊完成构件的卸车、堆放、装配施工，辅以长线混凝土现场快速输送浇筑，节省大量人工、材料及机械设备，具有较高的安装工效。

（4）减少材料周转使用，施工安全性高。现场施工脚手架大量减少，工作面大，施工人员操作方便；吊装机械设备遥控指挥，建立信息化联系，安全指数较高，施工安全有保障。

（5）环保绿色，经济社会效益显著。施工过程中减少现场施工材料的使用、增强施工过程中对环境的保护，符合国家可持续发展政策，环保绿色，经济效益、社会效益显著。

3.4.2　构件生产

1. 生产工艺流程

叠合预制装配式综合管廊结构体系为"现浇＋预制"的组合结构，保证综合管廊叠合墙板结构的整体性和一体化是管控的重难点。同时，综合管廊作为城市地下结构，对防水的要求极高，叠合墙板结构的整体性显得尤为重要。为保证整体兼容，现场控制和工厂控制须协调一致，特别是现浇与预制界面的精准对接控制、预制与预制接缝处的衔接性控制为重难点。叠合墙板构件生产过程中要精准控制构件的结构尺寸、连接筋及预埋件位置等技术参数，确保高质量完成构件生产，为施工现场构件精确安装奠定基础。

叠合预制装配式综合管廊叠合墙板构件的具体结构形式为双页叠合墙和单页叠合板。双页叠合墙和单页叠合板结构形式不同，其生产工艺也有一定区别，双页叠合墙生产工艺流程见图 3.4-1，单页叠合板生产工艺流程见上节图 3.3-8。

2. 技术要点

（1）构件模具固定

采用与叠合墙板构件厚度相同的角钢模板作为边模固定于钢模台上，并附加限位措施，防止混凝土浇筑时模具发生移动，如图 3.4-2 所示。

（2）构件钢筋绑扎

根据设计图纸要求将叠合墙板构件钢筋骨架绑扎完毕，如图 3.4-3 所示。

（3）构件钢筋下放

将绑扎完成的叠合墙板构件钢筋骨架放入成型并清理干净的钢模台上，如图 3.4-4 所示。

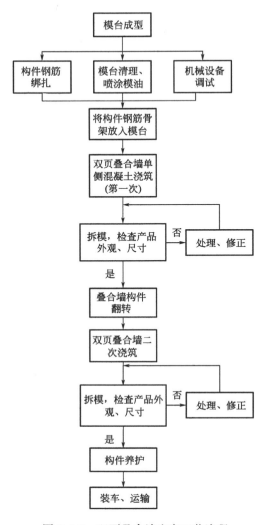

图 3.4-1　双页叠合墙生产工艺流程

图 3.4-2　模台成型

图 3.4-3　构件钢筋骨架绑扎

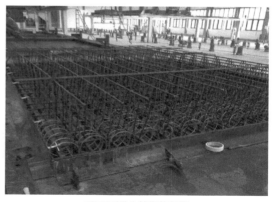

(a) 单页叠合板钢筋骨架   (b) 双页叠合墙钢筋骨架

图 3.4-4 构件钢筋骨架下放

（4）双页叠合墙单侧混凝土浇筑（单页叠合板混凝土浇筑）

在双页叠合墙或单页叠合板钢筋骨架安放稳定后，进行混凝土铺设放料，每次摊铺高度在 50mm 以下，如图 3.4-5 所示。双页叠合墙及单页叠合板振捣采用高频振捣台振捣，在混凝土振捣密实并达到养护强度以后方可吊运。混凝土内表面尽量用抹刀进行抹平，保证混凝土成型质量。

（5）双页叠合墙构件翻转

叠合构件浇筑完成且达到强度要求后，将构件从模台吊运放置到地面。对于单页叠合板构件，浇筑工作已完成，可进行构件养护。对于双页叠合墙构件，待构件养护达到强度要求后，还需对另一侧墙进行浇筑，浇筑之前需完成叠合墙构件翻转。将叠合墙构件垂直吊起，落放于大型翻转台上，然后下放翻转台，实现构件翻转（钢筋面朝下），如图 3.4-6 所示。

图 3.4-5 双页叠合墙单侧混凝土浇筑   图 3.4-6 双页叠合墙构件翻转

（6）双页叠合墙二次浇筑

双页叠合墙另一侧墙混凝土浇筑的施工顺序不同于先浇侧墙混凝土浇筑。双页叠合墙

图 3.4-7　双页叠合墙另一侧混凝土浇筑

另一侧墙混凝土浇筑时，先将混凝土倾倒于钢模台内，然后吊装已成型叠合墙构件至模台内，并调整振捣频率、充分振捣，使叠合墙构件钢筋骨架与模台内的混凝土有效结合，如图 3.4-7 所示。

（7）构件养护

叠合构件浇筑完成且检查合格后，即可进行下一步构件养护工作。构件采用低温蒸汽养护。养护在蒸养室内进行，蒸养按照静停→升温→恒温→降温四个阶段进行。

3. 质量控制要点

（1）模具与组装

1）制作综合管廊叠合构件模具宜采用钢制模具，也可根据具体情况采用其他材料模具。模具应满足混凝土浇筑、振捣、脱模、翻转、起吊时刚度和稳定性的要求，并便于清理和涂刷脱模剂。

2）模具应规格化、标准化、定型化，便于组装成多种尺寸形状。

3）模具表面应光滑，不能有划痕、生锈、氧化层脱落等现象。

4）模具组装前必须将模具上的混凝土残积物全部清除，尤其是影响模具组装精度部位的混凝土残积物，确保组装后模具尺寸的准确。

5）对清理完毕后的模具内表面喷涂脱模剂，脱模剂应均匀喷涂在钢模与混凝土接触的所有面上，不应有漏涂、积聚、流淌的现象。

6）模具组装宜采用螺栓或者销钉连接。

7）模具组装时应采用对称安装并按照模具产品说明书逐块安装，每块模具的使用部位和安装次序不得颠倒且应保证上下企口底部、顶部的水平度。

8）内模与底模内侧边圈的接触面、外模与底模外侧边圈的接触面以及内模、外模合缝口处应有密封措施，内模、外模合缝口处可采用橡胶条或泡沫塑料条等密封。

9）模具使用达到规定次数时，须对模具整体进行尺寸校对和维护保养，当同一模具生产的连续两节产品尺寸不合格时，应对该模具进行校验。

（2）叠合构件制作

1）钢筋骨架用的钢材品种等级、直径、骨架尺寸、分布筋数量、长度、主筋数量、间距、接口加强筋等应符合设计要求；钢筋骨架应采用自动焊接或人工焊接成型；钢筋骨架应有足够的刚度，接点牢固，不松散、下塌、倾斜，无明显扭曲变形和大小头现象，能在骨架运输、装模及成型过程中保持整体性。

2）保护层垫块宜采用木质垫块，且应与钢筋骨架或网片绑扎牢固；垫块按梅花状布置，间距满足钢筋限位及控制变形要求。

3）钢筋骨架应轻放入模，入模时应平直、无损伤，表面不得有油污或者锈蚀。

4）根据叠合构件设计图纸要求安装预埋件，固定在模板上的连接件、预埋件、预留孔洞位置的偏差应符合相关规定。

5）钢筋网片或钢筋骨架装入模具后，应按设计图纸要求对钢筋位置、规格、间距、保护层厚度等进行检查。

6）混凝土浇筑前，应对模具、垫块、支架、钢筋、连接件、预埋件、吊具、预留孔洞等进行逐项检查验收，并做好隐蔽工程记录。

7）混凝土浇筑时应保证模具、预埋件、连接件不发生变形或者移位，如有偏差应采取措施及时纠正；混凝土宜采用自动振动平台进行振捣，边浇筑、边振捣；混凝土从出机到浇筑过程不应有间歇时间。

（3）叠合构件养护

叠合构件养护宜采用蒸汽养护方法。蒸汽养护应包括静停、升温、恒温和降温等阶段，并应符合如下要求：

1）静停时间在环境温度高于 20℃时，不宜少于 1h；环境温度低于或等于 20℃时，不宜少于 2h；环境温度低于 5℃时，静停时间不得少于 5h。达到预养时间后，可放微量蒸汽进行养护，升温速度不宜大于 5℃/h。

2）升温阶段温度提升速度不宜大于 25℃/h。

3）恒温阶段，普通硅酸盐水泥混凝土养护温度可为 60±5℃，矿渣硅酸盐水泥混凝土养护温度可为 75±5℃。

4）恒温时间以保证综合管廊构件达到脱模、起吊强度为原则，一般不少于 3h。当恒温温度达不到要求时，可适当延长恒温养护时间。

5）降温阶段温度下降速度不宜大于 20℃/h。

6）蒸汽养护时应采取测温措施，宜采用智能电子自动测温仪测量温度，定时发送测温信息。

7）构件蒸养完毕停汽脱模 2~3h 后，应及时对混凝土进行保湿养护，养护至混凝土强度不低于 28d 标准强度的 75%。

（4）叠合构件脱模

1）构件蒸养完毕后，拆模时环境温度不应低于 5℃。

2）拆模时构件表面温度与环境温度之差不宜大于 20℃。当同条件养护混凝土试件强度值达到设计强度 60% 以上时，构件方可吊出模具。混凝土芯部开始降温前不应拆模，大风及气温急骤变化时不应拆模。

3）拆模时先将所有对拉卡具、外模四角卡具及上启口模具四角连接螺栓松开，然后将内模四角滑道螺栓微松，再将其余螺栓拆下。

4）拆模时不应进行捶、敲等操作。

5）对拆模后构件外表进行清理，铲去浮浆、飞边等，清理时不应使用金属工具。

6）构件起吊、翻转、水平吊运时，混凝土强度不应低于设计强度 75%。

7）构件的起吊、翻转和运输应采用专用工具进行，起吊时应保持垂直，用吊具缓慢吊离。翻转时，应采用专用吊具或专用翻转机进行翻转，翻转时应保持平稳。

（5）叠合构件检验

构件外观不应有严重缺陷且不宜有一般缺陷。对一般缺陷，应按技术方案处理，并应重新检测。叠合构件缺陷可按表 3.4-1 进行处理。

叠合构件缺陷处理方案 表 3.4-1

项目	缺陷类型	处理方案	检查依据与方法
破损	1. 影响结构性能且不能恢复的破损	废弃	目测
	2. 影响钢筋、连接件、预埋件锚固的破损	废弃	目测
	3. 上述 1、2 以外，破损长度超过 20mm	修补 1	目测、卡尺测量
	4. 上述 1、2 以外，破损长度 20mm 以下	现场修补	
裂缝	1. 影响结构性能且不可恢复的裂缝	废弃	目测
	2. 影响钢筋、连接件、预埋件锚固的裂缝	废弃	目测
	3. 裂缝宽度大于 0.3mm、且裂缝长度超过 300mm	废弃	目测、卡尺测量
	4. 上述 1、2、3 以外，裂缝宽度大于 0.2mm 不大于 0.3mm	修补 2	目测、卡尺测量
	5. 上述 1、2、3 以外，裂缝宽度不大于 0.2mm、且在外表面时	修补 3	目测、卡尺测量

注：修补 1：用不低于混凝土设计强度等级的专用修补浆料修补；
　　修补 2：用环氧树脂浆料修补；
　　修补 3：用专用防水浆料修补。

4. 构件运输与堆放

叠合构件运输应符合下列规定：

（1）运输宜选用低平板车，车上应设有专用架及可靠的稳定措施。

（2）构件运输时的混凝土强度，当设计无具体规定时，不得低于同条件养护混凝土设计强度的 75%。

（3）构件支承的位置和方法，应根据其受力情况确定，不应引起混凝土的超应力或应力损失。

（4）构件装运时应连接牢固，防止移动或倾倒；部品边缘或与链索接触处应采用衬垫加以保护。

叠合构件堆放应符合下列规定：

（1）堆放场地应平整、坚实，并应有排水措施；

（2）堆放构件的支垫应坚实，并应保证最下层构件垫实，预埋吊件向上，标识宜朝向堆垛间的通道；

（3）垫木或垫块在构件下的位置宜与脱模、吊装时的起吊位置一致；重叠堆放构件时，每层构件间的垫木或垫块应在同一垂直线上。

3.4.3 构件安装

1. 安装工艺流程

叠合预制装配式综合管廊作为"现浇＋预制"的混合结构，预制构件生产过程中有效的质量控制为其后期精确安装创造了良好条件。同样，现浇底板的施工质量也直接决定了叠合预制装配式综合管廊的成型质量。以螺旋箍筋叠合预制装配式综合管廊为例，详细介绍叠合预制装配式综合管廊装配施工，安装工艺流程见图 3.4-8。

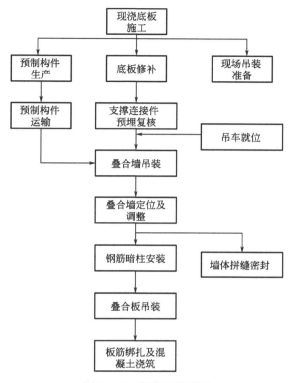

图 3.4-8　安装工艺流程

2. 技术要点

（1）底板现浇施工

考虑叠合预制装配式综合管廊现场施工时底板模架投入少、钢筋绑扎作业方便等特点，底板采用现场混凝土快速浇筑的施工工艺。现浇底板施工工艺流程如图 3.4-9 所示。

1）垫层标高及定位复测

施工前复核垫层或保护层标高，允许误差控制在 ±5mm 以内。在垫层或保护层基面精准测放钢筋定位线及结构边线，确保结构成型误差满足《混凝土结构工程施工质量验收规范》GB 50204 相关规定。

2）底板及导墙钢筋绑扎

按照设计图纸要求绑扎底板及导墙钢筋，钢筋绑扎过程中要严格控制钢筋间距。钢筋绑扎时同步安装变形缝、施工缝等位置预埋件，以及排水套管、连接节点钢板预埋件等；浇筑前应检查各类预留预埋是否安装到位。

3）底板模板安装

叠合墙构件为工厂预制生产，其结构尺寸及成型效果已经确定，为保证叠合墙构件与现浇底板的拼接效果须严格控制现浇底板的施工质量。在进行底板施工前，采用钢模板并将其支设固定，确保底板成型质量。

底板施工时，在变形缝与施工缝交界处预留出 500mm 中埋式止水带及外贴式止水带便于后续接头，同时变形缝处叠合外墙构件预制时，将外贴式止水带一同安装，上下端各

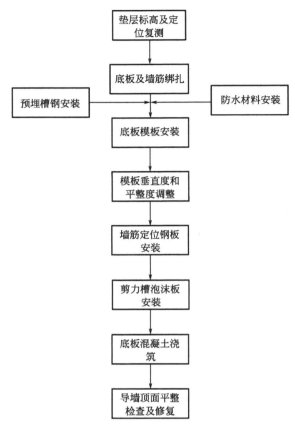

图 3.4-9　底板现浇施工流程图

留出 500mm 与底板外贴式止水带搭接，搭接时宜采用硫化机加热连接。

4）墙筋定位钢板安装

现浇底板与叠合墙钢筋的连接采用底板预留钢筋插入叠合墙预埋的螺旋箍筋搭接形式，使底板钢筋与预制墙可靠连接。为保证现浇底板和叠合墙准确连接和节点的完整性，严格控制底板竖向预留钢筋的位置，防止出现底板预留钢筋与叠合墙内螺旋箍筋错位等问题。

根据叠合墙内预设螺旋箍筋位置提前制作定位钢板，定位钢板上根据螺旋箍筋间距开设钢筋定位孔，底板钢筋绑扎时利用定位钢板控制竖向预留钢筋的位置，控制位置偏移量在±10mm 内，保证底板预留钢筋能与叠合墙内的螺旋箍筋准确连接。

5）墙筋定位钢板安装

导墙剪力槽成型可采用预埋嵌缝板，并与止水钢板、钢筋连接牢固，防止混凝土浇筑时产生移动。

6）底板混凝土浇筑

混凝土浇筑时应注意对预留钢筋的保护，导墙顶面根据导墙标高控制筋严格控制标高并收光平整，允许误差控制在±5mm 以内。

现浇底板浇筑成型如图 3.4-10 所示。

图 3.4-10　现浇底板浇筑成型

（2）双页叠合墙安装施工

双页叠合墙现场安装施工流程如图 3.4-11 所示。

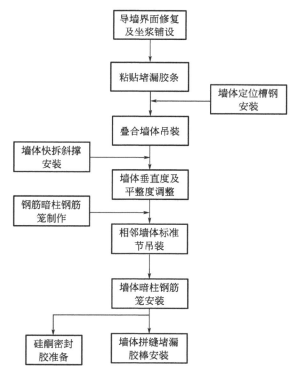

图 3.4-11　双页叠合墙安装施工流程图

1）导墙界面修复及坐浆铺设

底板浇筑完成后，将导墙顶部剪力槽内嵌缝板移除，并冲洗干净。采用水准仪或者水准尺进行底板导墙成型顶面标高测量，超出部分需剔凿干净，不足部分采用不大于 30mm 厚的坐浆调整。

2）粘贴堵漏胶条

底板修补完毕后，在底板导墙顶部靠外沿 5mm 左右粘贴堵漏胶条，外侧采用建筑密封嵌填材料封闭。底板与叠合墙交界面处理如图 3.4-12 所示。

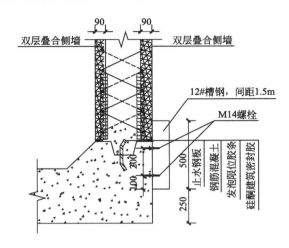

图 3.4-12 底板与叠合墙交界面处理示意图（单位：mm）

3）墙体定位槽钢安装

为保证双页叠合墙安装过程中的垂直度，在底板导墙位置安装限位槽钢，限位槽钢采用 12♯槽钢，间距 1.5m 布置，采用膨胀螺栓固定于导墙上。

4）双页叠合墙吊装

① 根据预制构件形状、尺寸及重量等因素选择适宜的吊具。针对叠合预制装配式综合管廊结构，重量最大的单个构件为双页叠合墙，现场用汽车吊进行构件吊装施工。

② 双页叠合墙拼装过程中，底板竖向钢筋需插入双页叠合墙预留的螺旋箍筋中。吊装过程中须安排专人对构件落放进行控制，螺旋箍筋与底板插筋定位出现微小偏差时，须专人进行校核，保证底板预留插筋插入螺旋箍筋内。底板竖向钢筋与双页叠合墙螺旋箍筋现场连接如图 3.4-13 所示。

③ 墙体构件吊装时按构件拼接方向依次吊装，不应间隔吊装或超出设定吊装半径吊装。单个构件吊装后安装撑杆固定，固定后方可吊装下一构件。吊装下放时须安排专业装配工人辅助定位。

④ 预制构件起吊时，应对墙板上角和下角进行保护。

⑤ 吊装叠合墙时，应采用两点起吊，吊具绳与水平面夹角不宜大于 60°，且不应小于 45°。应保证吊车主钩位置、吊具及构件重心在竖直方向上重合。

图 3.4-13 底板竖向钢筋与叠合墙螺旋箍筋连接施工

5）斜撑杆安装

墙体吊装到位之后，在叠合墙与底板之间及时安装临时斜向支撑。临时斜向支撑采用可调节长度的专用快拆杆件，用膨胀螺栓固定。每块叠合墙应不少于两根斜撑杆，支撑与底板的夹角宜在 40°～50°之间。斜撑杆现场安装如图 3.4-14 所示。

6）调整墙体垂直度及定位

临时斜向支撑两端连接固定后，通过手动旋转斜撑杆调节墙体垂直度，墙体垂直度应满足《混凝土结构工程施工质量验收规范》GB 50204 相关规定。

7）墙体暗柱钢筋笼安装

根据叠合墙结构节点设计，相邻叠合墙体拼缝处竖向钢筋采用钢筋暗柱加强连接。叠合墙吊装完成之后，在相邻叠合墙体连接节点处吊装插入竖向销接钢筋笼，底板与侧墙之间的连接采用底板预留钢筋插入叠合墙底部螺旋箍筋的形式，如图 3.4-15 所示。

图 3.4-14　斜撑杆安装施工　　　　图 3.4-15　叠合墙钢筋笼暗柱安装施工

8）拼缝处理

相邻叠合墙连接处竖向拼缝采用发泡限位胶条封堵，外侧采用建筑密封嵌填材料进行封闭。

（3）单页叠合板安装施工

1）叠合墙顶面清理平整

叠合墙垂直度调整并固定后，对叠合墙顶部标高进行复核，超出部分进行打磨，不足部分采用不大于 30mm 厚的坐浆调整。墙顶平整度控制在±5mm 以内，在墙顶面沿外缘纵向粘贴堵漏胶条。

2）竖向支撑安装

叠合顶板吊装前，应在板底设置临时竖向支撑，并通过支撑上的调节器调整顶板标高，如图 3.4-16 所示。顶板临时竖向支撑采用可调节长度的专用快拆杆件，每块标准叠合板下立杆按梅花形布置，具体横向间距、纵向间距应根据计算确定。

3）叠合板吊装

叠合板吊装时宜采用4点起吊，落放时采用人工辅助定位，确保两端支点搁置长度符合设计要求，吊装过程如图3.4-17所示。

图3.4-16 叠合板竖向支撑安装施工   图3.4-17 叠合板吊装施工

图3.4-18 叠合顶板钢筋绑扎

4）支撑体系调节、加固

叠合板吊装完成后，对竖向支撑立杆进行调节、加固，确保叠合板标高和水平度满足设计要求。

5）叠合板钢筋绑扎

叠合板上层根据深化设计图布筋，钢筋锚固长度及腋角处附加钢筋应符合设计及相关规范要求，钢筋绑扎如图 3.4-18 所示。

6）混凝土浇筑

混凝土浇筑前，双页叠合墙内部空腔应清理干净，在混凝土浇筑之前叠合预制构件内表面应用水充分湿润，但不能有积水。混凝土强度等级应符合设计要求，当墙体厚度小于250mm 时，墙体内现浇混凝土宜采用自密实细石混凝土。

混凝土应分层连续浇筑，浇筑高度不宜超过 800mm，浇筑速度每小时不宜超过800mm。浇筑前在叠合板上标记设计标高定位线，施工完成后对叠合板面标高进行复核。当墙体厚度小于 250mm 时，混凝土振捣应选用 Φ30mm 以下微型振捣棒。

3. 质量控制要点

（1）构件安装质量检验

叠合预制装配式综合管廊叠合构件安装质量检验如表 3.4-2 所示。

叠合构件安装质量检验　　　　　　　　　　　　　　　表 3.4-2

项目		允许偏差（mm）	检验方法
叠合墙	中心线定位轴线	5	钢尺检查
	垂直度	5	经纬仪或吊线、钢尺检查
	墙拼缝高差	±10	钢尺检查
叠合板	平整度	10	2m 靠尺和塞尺
	标高	±10	水准仪或拉线、钢尺检查

（2）叠合墙现浇混凝土缺陷检测

双页叠合墙中间现浇混凝土缺陷检测如表 3.4-3 所示。

叠合墙现浇混凝土缺陷检测　　　　　　　　　　　　　表 3.4-3

检测项目	检测参数	检测设备	检测数量	说明
叠合墙现浇混凝土缺陷检测	现浇部分混凝土缺陷	地质雷达	每种类型墙体随机抽选其纵向长度的10%进行检测，若有质量怀疑，则扩大检测范围 1 倍	检测时先用雷达法进行抽查，对怀疑存在内部缺陷的区域用超声波法进行精确检测，对质量缺陷较严重的区域或判别困难的区域应进行钻芯验证
		超声波仪	对有怀疑的区域进行检测，测区面积不小于 1m²	
		钻芯法	对缺陷较严重或超声判别困难处，采用钻芯法进一步验证	

（3）外墙防水性能检测

叠合预制装配式综合管廊外墙防水性能应满足《地下防水工程质量验收规范》GB 50208 的相应要求。外墙应进行防水性能检查，并做淋水试验，以检验其防水性能是否符合要求。

检验数量：应按外墙面面积，每 500m² 抽查一处，每处 10m²，且不得少于 3 处；不足 500m² 时应按 500m² 计算。节点构造应全部进行检查。

检验方法：持续淋水 2h 后观察检查。

（4）工程质量保证措施

1）叠合预制构件运输过程应保证叠合构件的稳定性和安全性。

2）现场吊装需保证连接节点按照设计要求实施，严禁出现随意落放的情况；安装墙体连接钢筋时，必须按要求下放，并报验。

3）双页叠合墙、单页叠合板在混凝土浇筑时，按规范及相关要求执行；振捣棒不得贴叠合墙板长时间振捣，以免对叠合结构造成损害。

4）加强对砂浆打磨完成的标准检测。

5）加强综合管廊结构刚性防水和柔性防水检测。

第4章

综合管廊智慧运维技术与系统

以人工巡检和监控系统相结合的城市地下综合管廊运维管理模式，存在信息缺失、信息集成度低等问题，无法保证综合管廊安全、高效运行。此外，综合管廊自身具有的隐蔽性、复杂性及发生灾害的连锁性等特点，给综合管廊运维管理带来了一定的难度和挑战，其管理手段需要更新，管理水平需要提高。

目前，城市地下综合管廊巡检、运行维护工作的现状及突出问题主要有：

（1）采用人工巡检模式，速度慢、工作效率低，分散操作易产生各种问题，存在人身安全隐患。

（2）人工巡检方式使综合管廊无法实现全时段、全过程、全断面的精确检查与记录，进而导致综合管廊内事故隐患不能及时发现与处理。在综合管廊的封闭环境中无线电通信不能使用，无法实现对综合管廊全程的突发灾害、突发事故的及时响应。

（3）无法实现对综合管廊全过程的环境参数进行及时采集，进而不能对综合管廊总体环境（如温/湿度、可燃气体、含氧量等）进行整体调节。

（4）无法对高压电缆的运行温度及漏电情况做到全长度检测，存在监测盲区，导致高压电缆的安全稳定运行存在隐患。

（5）因综合管廊里程达到数十公里，维护人员及车辆无法同时出现在综合管廊每个地点，部分单位钻空子私自布放缆线，导致业主利益受损；更有甚者，部分不法分子潜入综合管廊进行破坏盗窃活动，影响综合管廊运行安全。

（6）无法实现同一信息平台下的统一管理与调度，紧急事故发生时易导致信息沟通不畅，影响应急调度指挥能力的发挥；管理水平与管理质量也无法得到保障。

（7）维护工作中虽然使用了一些自动化仪器进行监测，但各类仪器数据类别不一，没有统一数据处理平台，导致信息孤岛现象，相关部门无法全面掌握各项信息。

此外，综合管廊高昂的运维费用也使得管廊运营管理单位入不敷出，能否降低运维管理费用关系到行业继续发展还是停滞，"建得起，运维不起"已成为行业内的普遍担忧。

综合管廊的运维模式需要创新，探索城市地下综合管廊安全、高效、低成本运维解决方案意义重大。依托郑州经济技术开发区综合管廊等工程项目，研发推广了"智慧线＋机器人"智慧运维系统；以统一管理平台为核心，以"智慧线"和"机器人"系统为功能载体，综合运用物联网、人工智能、云计算等信息技术，解决机器人在综合管廊内应用造成的系统重复建设问题，实现子系统的深度融合，突破传统的运维模式，提升了综合管廊运营维护全生命周期的智慧化程度，全面实现综合管廊建设、管理过程的提质、降本、增效。

4.1 "智慧线"

"智慧线"是一种全新的低功耗入侵探测、无线通信和精确定位线缆，如图 4.1-1 所示。"智慧线"将低功耗物联网芯片密集植入电缆内，在封闭空间内实现大容量分布式无线接入和微波探测感应场，无线信号均匀连续。"智慧线"系统主要针对城市地下综合管廊高度融合的安防一体化系统，其核心是"智慧线"。

图 4.1-1 "智慧线"示意图

4.1.1 "智慧线"特点

"智慧线"适用于综合管廊等狭窄、封闭空间，"智慧线"相比目前常用的国内外通信技术具有以下显著特点：

（1）入侵报警和定位

线缆内部分布阵列部署的物联网芯片收发微波信号组网，形成微波探测感应场。系统主动感知探测区域微波感应场变化，当有人非法入侵时立即产生报警并对入侵目标进行精准定位。

（2）高质量移动语音通信能力

"智慧线"是一个移动通信系统，移动性管理策略显著优于目前的 2G/3G/4G 硬切换或软切换技术；"智慧线"独创的全系统同步接收、多芯片并行服务技术，确保用户无论静止还是移动都不存在任何切换过程，语音通信质量极高。

（3）高精度定位能力

"智慧线"内嵌大量无线接入芯片，当终端工作时，多个芯片会联合检测终端所在的位置，自动上报至系统，精确定位终端位置。

（4）大容量物联网终端接入

与 Wi-Fi 的高带宽、低用户数不同，每千米"智慧线"支持高达上千个目标物体的接入，所有终端均可采用低功耗模式设计，从休眠至唤醒切换时间为微秒级，可在毫秒级时间内将传感信息发送至网络，实时完成传感监测功能。

4.1.2 "智慧线"技术

"智慧线"一条线缆实现基站、天线、电源、传输线等所有设备功能，集成度高，极大降低设计、施工、维护工作量。"智慧线"围绕着定位、入侵和通信功能，主要依赖其精确定位、入侵探测和融合通信等关键技术。

（1）精确定位技术

"智慧线"通过对物联网终端附近多个微基站同步接收定位数据包的分析，通过定位数据联合计算，能够快速对机器人内的网卡、人员佩戴的标识卡等物联网终端实时进行精确定位，定位精度可达 2～5m。

（2）入侵探测技术

自适应微波收发芯片收发信号组成多组收发向量对，进而形成自适应微波阵列场；入侵者进入探测场范围，对无线信号场造成遮挡、吸收、反射等干扰，造成接收信号强度变化以感应入侵。

（3）融合通信技术

"智慧线"提供 2Mbps 和无线宽带 Wi-Fi 300Mbps 两种无线接入方式，为机器人、智能手机等终端提供定位、语音、视频、通信、调度、数据、通信等丰富的应用业务。

4.2　巡检机器人

综合管廊越来越成为城市或人口密集区电网、水网等系统的重要组成部分，综合管廊可靠稳定运行是保证城市功能的基础。对综合管廊进行检查，很长时间内都主要依靠人工。随着机器人技术的迅猛发展以及其在各领域应用不断深入，国内外一些研究人员近些年来开始关注将机器人技术引入综合管廊巡检领域。

基于物联网技术的巡检机器人采用全新的设计及工作原理，彻底摒弃传统监控系统结构形式，在综合管廊内不安装大量电源电缆、信号电缆、探头及用电设备，将各类探头集中安装在机器人上，机器人即作为物理界面的搭载平台，亦作为信息采集交互的节点，成功解决了众多品牌相互兼容、各系统集成与融合、协议与接口标准不统一等难题，成为综合管廊智能巡检的未来发展方向。

4.2.1　功能设计

随着城市地下综合管廊及智能巡检技术的提高，巡检智能化、巡检无人化、巡检大数据分析等需求不断衍生出来。综合管廊智能巡检机器人应具有高清图像采集、巡检路径规划、重点部位巡检、自主避障、自主充电及一键返航等功能，具体如下：

（1）高清图像采集

综合管廊内的固定摄像头离散分布于管廊沿线，无法做到综合管廊监控的全方位覆盖。巡检机器人搭载有高分辨率可见光摄像头，高倍率放大变焦，以及夜间补光效果，在地下综合管廊昏暗环境下，实现对综合管廊内部环境的高清图像采集。

（2）巡检路径规划

巡检路径规划包括识别综合管廊内标记的轨迹及预设的巡检路径两种方式。巡检机器人可根据路径自动导航，完成巡检任务。路径识别具有一定的鲁棒性，路径出现轻微损坏的情况可正常完成巡检。

（3）重点部位巡检

通过在巡检机器人地图上后台设置重点巡检部位、配置巡检内容，巡检机器人会在设置的重点巡检部位停下进行详细巡检。巡检过程中一旦发现异常，巡检机器人将自动将报警信息推送至监控中心。

（4）廊体裂缝识别

按照预设值对廊体出现的裂缝进行识别，提供告警信息，并将图像和信息传回监控中心。

（5）廊体渗漏水识别

识别廊体是否有渗漏水，确认渗漏水后，提供告警信息，并将图像和信息传回监控中心。

（6）空气质量检测

巡检机器人通过搭载的各类传感器，实现对综合管廊内部环境参数（氧气浓度、有害气体浓度、温湿度）的自动检测；当环境参数超过预设值，提供告警信息并将信息传回至监控中心。

（7）自主避障

巡检机器人在行驶过程中遇到障碍物可提前停止运动或主动避让，不会和障碍物发生碰撞；移除障碍物后可恢复行走。巡检过程中发现新增障碍物（如巡检人员、检修工具）同样可以防碰撞和避开。移除巡检中所遇到的障碍物后，巡检机器人可直接行走，不会发生避让动作。

（8）自主充电

当巡检机器人电量低于设定的阈值后，可根据地图自动前往就近充电点位进行充电；电量达到阈值及以上，巡检机器人则继续工作。巡检机器人开启和结束充电的电量阈值可进行设置。巡检机器人能与充电插座进行自动配合，完成充电。

（9）一键返航

启动一键返航功能，巡检机器人无论处于何地、何种工作状态均可按照预设的策略返航。

4.2.2　定位技术

1. 定位技术发展现状

综合管廊建于地下，环境复杂，照明条件不足，因此需要采取一定的方式来实时确定巡检机器人当前所处的位置。传统的定位技术包括红外线定位技术、GPS定位技术和Wi-Fi定位技术。红外线定位技术只能用于短距离的传播，同时很容易被其他光线干扰，因此在定位精度上具备一定的局限性。GPS定位技术虽然目前被广泛应用，覆盖范围较广，但GPS到达地面信号弱，无法很好地穿透地面建筑物，所以多数情况下都只局限于室外定位。Wi-Fi定位技术成本相对低廉，但是不管是在室外或是室内，信号覆盖半径都有限，同时会对其他信号造成干扰，导致其他信号数据失真。

目前最常用的综合管廊巡检机器人定位技术有激光/红外遮拦定位和陀螺仪惯性定位。激光/红外遮拦定位通过在综合管廊内安装激光/红外光耦组，当巡检机器人经过发射头时，遮挡了光信号，从而在光耦接收端获得机器人通过的信号。该定位技术的定位精度取决于单位距离内设置的光耦数，因此当综合管廊距离较长时，遮拦定位的成本会随之增大。同时，安装大量的光耦也会在综合管廊内引入过多的电源和接地，造成安全隐患。陀螺仪惯性定位则是通过测量巡检机器人当前的移动速度、加速度等运动信息，通过积分获得机器人与初始位置的相对距离。陀螺仪具有结构简单、安装方便的特点，只需将陀螺仪安装在机器人，并辅以距离计算程序即可完成。但陀螺仪测量的是机器人的速度和加速度，对于速度的测量误差在积分过程中会不断累积。当机器人运行一段时间之后，定位误差将累积到一个不可忽视的程度。同时，陀螺仪惯性定位获得的仅是机器人的相对运动距离，而无法获得当前的绝对位置。

2. 基于"智慧线"的定位技术

基于"智慧线"系统的巡检机器人定位技术对于识别移动物体，尤其是人员，有着成熟应用，将"智慧线"与机器人融合实现巡检机器人的定位，可以大幅降低机器人系统建设的投入，保证机器人定位的准确度。

"智慧线"系统通过对物联网终端附近多个"智慧线"内微基站同步接收定位数据包的分析，通过定位数据联合计算，能够快速对机器人内的网卡、人员佩戴的标识卡等物联网终端进行实时精确定位，定位精度可达 2～5m，同时具有以下优势：

（1）增强综合管廊巡检的安全性，保障员工安全。

（2）实时掌握整个综合管廊的情况，及时调整方案，对设备进行维修。

（3）管理人员可以实时查看巡检机器人的运动位置信息、历史轨迹及维护记录的回放，了解维修记录管理，维修档案管理，提高安全保障。

（4）可以实现自动化管线巡查，实时了解管线情况，降低错误率。

（5）及时、准确、数字化采集设备信息。

（6）采用标准的巡检路径，避免巡检工作对机房周边设备的影响。

4.2.3　通信技术

1. 通信技术发展现状

巡检机器人要代替人工实现综合管廊内巡检，需要解决的一个重要问题是机器人通信问题。机器人在综合管廊内巡检时，需要与控制系统建立通信，将巡检过程与结果上传至上位系统。同时，控制系统也需通过通信对机器人下达指令。

当前技术条件下，机器人与控制系统间的通信方式主要包括有线通信、无线电通信、光通信等。在早期的综合管廊机器人研究中，由于缺乏高效的远距离通信方式，有线通信一度被用于机器人通信系统。但是对于综合管廊内的巡检任务，如果机器人拖拽通信电缆移动，容易引发各种事故，因此不具备可行性。光通信是一种高速、安全、非接触式的通信方式，但是光通信受限于光的传播方式，只能用于直线综合管廊内通信，应用受到限制。

目前，综合管廊巡检机器人通信仍以无线电通信为主。但是在综合管廊内，传统的无线信号衰减较开放场所更快，其有效通信半径受到极大限制。主要原因是综合管廊内接收端天线接收到的信号通常并不是直接来自发送端。对于一个特定的无线信号接收端接收到的信号，是由大量经过综合管廊内壁反射后的散射波组成。由于不同的散射波、反射波经过的路径不同，因此最后到达接收端的信号场强、延时均不相同。各个方向的波叠加，在接收端形成了驻波场强，形成了信号的快速衰落。

2. 基于"智慧线"的通信技术

在实际的综合管廊巡检机器人通信方案设计上，由于"智慧线"系统具备良好的综合管廊内数据通信传输能力，可以利用"智慧线"系统实现和改善巡检机器人的通信功能。

系统通过"智慧线"提供 2Mbps 和无线宽带 Wi-Fi 300Mbps 两种无线接入方式，为巡检机器人、智能手机等终端提供定位、语音、视频、通信、调度、数据、通信等丰富的应用业务。

4.2.4 运动方式

1. 运动方式类型

巡检机器人常见的运动方式有轮式、履带式、导轨式、多足式等。除多足式机器人主要用于狭窄沟道内的攀爬行进以外，其他几种机器人均可以在理想的综合管廊内工作，区别在于对综合管廊环境的适应性。

（1）轮式机器人

轮式机器人相对其他机器人而言，具有结构简单，运动快速的特点。当综合管廊环境空旷、地面平整清洁的情况下，轮式机器人的运动性能相比其他类型机器人优势明显。但轮式机器人的运动范围处于二维平面上，当综合管廊本身对碰撞等敏感，对机器人有较高的控制精度要求，或者综合管廊距离过长时，轮式机器人的应用会因为定位困难而受到限制。此外，当综合管廊内路面存在不可预测或不可回避的障碍物、壕沟等时，轮式机器人也将难以胜任综合管廊内的巡检工作。轮式机器人如图 4.2-1 所示。

（2）履带式机器人

履带式机器人相较于其他机器人，其最大的特点是有着更为强大的路面适应能力。履带式机器人可以轻易跨越壕沟、阶梯等障碍，因此履带式机器人更适合地面环境复杂的综合管廊。尽管履带式机器人具有强大的越障能力，但是当障碍物本身是需要保护的对象，比如靠近综合管廊地面敷设的电缆等，这种越障能力就会失去效用。此外，履带式机器人同样面对定位困难的问题。履带式机器人如图 4.2-2 所示。

图 4.2-1　轮式机器人实物图

图 4.2-2　履带式机器人实物图

（3）导轨式机器人

导轨式机器人相较于轮式机器人和履带式机器人，最大的特点就是其运动是固定的。机器人被限制仅在导轨上运动，机器人运动方向的控制和精确定位的要求相对较为简单。同时，借助导轨的路线规划，机器人也同样具有优秀的避障能力。导轨式机器人的缺点也同样明显，即其移动路线相对固定，作为综合管廊巡检时检测范围受到导轨制约，因此不适用于直径较大或检测对象分散分布的环境。导轨式机器人如图 4.2-3 所示。

图 4.2-3　导轨式机器人实物图

2. 运动方式选择

考虑综合管廊内巡检环境等特点，选择最适合的巡检机器人运动方式：

（1）综合管廊截面尺寸普遍较小，通常综合管廊内宽度在 3m 左右，限制了轮式机器人和履带式机器人的避障行为。

（2）综合管廊内主要为电缆、管线的集中敷设，检测对象相对集中。

（3）综合管廊内虽然构造物多，但一般位置固定不变，环境相对稳定，机器人移动路径上所面对的障碍物可以预知。

综合以上几点，城市地下综合管廊选择导轨式移动作为巡检机器人的运动方式最为合适。为有利于集成性和高适应性，使整个系统方案可以适用于大多数品牌机器人，轨道的制作也可以做高适应性的规定和改造。

3. 导轨式机器人运动控制方式

综合管廊内部采用悬挂式轨道设计，巡检机器人的自动行走由电机驱动实现。机器人内部装有姿态传感器对机器人的行走姿态进行实时分析，当在综合管廊内部遇到上坡、下坡以及转弯等情况时，自动进行速度的相应调节，实现平稳地行走，以保证巡检机器人的巡检质量。

巡检机器人内部姿态传感器会对机器人 XYZ 轴方向的加速度进行实时计算，根据加速度值判断机器人所处的姿态（直走、上坡或下坡）。机器人的电机轴上装有电子推杆，能够实时调节电机与轨道间摩擦力，若判断出机器人处于上下坡状态时，电子推杆会根据坡度改变输出的推力，以实现机器人能够稳定匀速地运行。

巡检机器人的前后方都装有高精度超声波传感器，当机器人运行前方出现障碍物时，机器人能通过超声波传感器及时检测，并做出相应的处理动作（刹车或减速）。若机器人的后方出现运动的物体时，机器人也将通过判断做出相应的处理动作（加速或启动）。

4.3　系统融合关键技术

巡检机器人既是数据采集的基础，又是执行任务的关键。但由于长期以来，各机器人厂家相对独立发展，缺乏相关的行业、国家标准遵循，导致各厂家机器人差异很大。"智慧线"系统为实现对多品牌机器人的高兼容性需要对硬件、网络及接口进行统一。

4.3.1 机器人硬件统一

1. 轨道统一

为了解决巡检机器人的承重问题，机器人轨道安装采用铝合金"工"字形专用轨道，利用机器人自身结构重心维持系统稳定；轨道分段安装而成，固定安装在综合管廊顶部，沿综合管廊纵向布置，对综合管廊内机器人的巡检起到了导向作用，并且提供了综合管廊的沉降物理基准，还能当成电缆支架增加了额外电缆的安装位置资源。轨道采用专用铝合金型材，具备较强的防腐性能，能够适应综合管廊内的潮湿环境。

支架在安装前，对其外观、材质、规格、质量、外形尺寸等进行仔细检查与核对，不得有漏焊和焊接缺陷。横梁、吊杆、螺栓等受力部件及卡环均应符合设计要求及有关标准规定。成排的支架必须大小一致，不得混用或乱用。在综合管廊混凝土顶部打眼时先放线，确保相邻吊杆水平允许偏差不超过±5mm。轨道安装必须满足巡检机器人在直线运动、转弯与爬坡时的平稳性及最小弯曲半径的要求。

2. 定位统一

利用"智慧线"系统进行巡检机器人定位，定位精度在 2～5m，智慧运维平台通过 Wi-Fi 通道向机器人告知其位置。当 Wi-Fi 故障或存在盲区，机器人检测不到心跳时，需要开通"智慧线"物联网通道，通过物联网通道实现心跳，通过"智慧线"物联网通道控制机器人的行动方向。

在示范工程中，每台机器人的巡检区间为 2.65km；考虑到机器人回到检修点，可能需要走过全程 5.3km 以上，机器人会在电力舱和水力舱之间轮岗使用，各厂家如果用自己的定位标识点，需要布设 10.6km；厂家标识点之间相互交错，极难维护。系统统一采用"基于永磁材料和霍尔片技术"的定位标识点，在巡检点、充电站、检修位、终点等特殊位置统一安装定位标识点，如图 4.3-1 所示。

图 4.3-1 现场统一定位点

4.3.2 机器人软件统一

为提高系统的整体适应性，机器人系统集成软件统一至关重要，主要依靠双频网卡完成数据的可行性交互，其中逻辑性由智慧运维平台完成。

1. 机器人专用双频网卡

网络统一是实现"智慧线"与巡检机器人融合的关键，通过研发综合管廊巡检机器人专用双频网卡，实现机器人与"智慧线"的数据对接，立足于通用性设备，可以满足绝大多数品牌机器人的集成，解决机器人在综合管廊内运行所必须的定位和数据传输需求。

（1）网卡需求

双频网卡是综合管廊中巡检机器人的接入设备，将机器人的固网信号转换成无线信号接入到上层系统，完成视频数据和定位数据的接入。网卡需满足以下要求：

1）需要从机器人上取电，并为机器人提供宽带数据传输通道。

2）网卡配备通信定位芯片，使"智慧线"对机器人进行定位，定位精度在 2~5m，并将该定位信号通过宽带通道回传给机器人。

3）网卡可以通过"智慧线"进行设备通信，不间断自动与综合管廊的各个系统建立数据连接。

（2）关键器件

双频网卡的构成关键器件见表 4.3-1。

双频网卡关键器件表

表 4.3-1

器件名称	主要功能
高通路由器	主 CPU，负责整板管理，以及提供一路 5G-Wi-Fi 和一路同轴传输的 2.4G-Wi-Fi
高通以太网收发器	PHY 芯片，提供一路板内千兆以太网口，供调试使用
单频无线网卡	提供一路同轴传输的 2.4G-Wi-Fi
低功耗智能无线收发器	提供 1 路物联网，做定位使用，兼容 2.4G 和 sub-GHz
前端模块	5G-FEM 芯片
前端模块	2.4G-FEM 芯片
前端模块	5G-FEM 芯片

（3）网卡功能

双频网卡的主要功能如下：

1）支持两个不同的 5G-Wi-Fi；

2）支持两路 5G/2.4G-Wi-Fi 双天线输出，用于 Wi-Fi 信号覆盖；

3）支持 2.4G、sub-1G 物联网输出；

4）支持一路以太网口，外部使用，用于对接机器人系统；

5）电源 24V/1A，支持热插拔，由机器人提供供电；

6）支持一个 USB 调试接口；

7）支持温度检测；

8）支持设备电子标签（定位模块）；

9）支持 1 个电源指示灯、1 个运行指示灯和适当的 Wi-Fi 端口指示灯；

10）支持 1 个复位、清零按键。

（4）系统融合

双频网卡支持两个不同的 5G-Wi-Fi 输出入，支持提供 5G/2.4G-Wi-Fi 双天线输出，用于机器人系统、平台系统的数据交互。支持 2.4G、sub-1G 物联网输出，将 2.4G 物联网与 Wi-Fi-5G 主天线进行合路，实现"智慧线"对机器人精准定位，让机器人与"智慧线"系统达到完美融合，实现整个系统的入侵、巡查、伴巡、联动等功能。"智慧线"系统和机器人系统融合逻辑如图 4.3-2 所示。

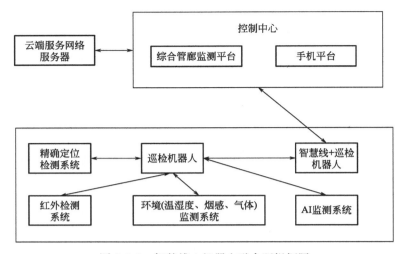

图 4.3-2　智慧线＋机器人融合逻辑框图

2. 统一充电逻辑

综合管廊巡检机器人电源系统的良好性能是保障其他部分高效运行的基础，其供电系统是保证巡检机器人运动模块、通信模块、检测模块、控制模块及其他模块正常工作的必要条件。

巡检机器人充电设备从设备隔间供电柜进行取电，并设智能开关，其开断控制、电力监控数据接入就近的 PLC，进而通过环网接入智慧运维平台，由平台控制。

在充电桩左右两侧，各设 1～2 组机器人定位标识点，供机器人进站充电时的精确定位。智慧运维平台将"智慧线"对机器人的定位数据不断发给机器人，供机器人在行进过程中参考。当机器人距离充电站 5m 或 10m 时，减速到相应适当的速度，并对霍尔片采集数据进行检测，当检测到信号时，可准确判断距离充电桩的距离；机器人此时通过自身速度调节装置来实现行进和停车控制，保证机器人停靠在充电桩处。

充电过程中，机器人应具备自检测功能，自身控制充电电流，保证充电过程安全。充满后，机器人向智慧运维平台的调度系统报告；平台控制 PLC 给充电站断电，向机器人发送断电信号；并读取此时的电量，进而实现对机器人充电时耗能的统计。机器人收到智慧运维平台的断电信号，并自身检测到电刷已经无输出后，自动按照巡检工作任务安排，驶离充电站，开展下一步巡检工作。

3. 统一数据接口及调度

数据交互分为三类：基本数据、视频及热感数据和语音数据。

（1）基本数据

基本数据的接口交互统一采用基于 http 的 restful 形式接口，传输 json 格式数据；其中告警、上报类的数据由机器人厂商向应用平台推送，其他类基本数据由应用平台向机器人厂商侧拉取。

（2）视频及热感数据

上报的短视频、图片使用 url 格式，其源文件存放机器人厂商侧，保留 1 个月。视频及热感数据，由应用平台侧设立一个 NVR 作为中间件，应用平台向 NVR 取视频流信息。

（3）语音数据

语音对讲接口，由机器人厂商提供插件 SDK，平台使用客户端应用集成进行使用。

4.4　综合管廊智慧运维平台

为了实现综合管廊内数据信息的共享，加强综合管廊的运营管理，提高综合管廊的服务水平，需建立一套适合于综合管廊的统一管理平台。统一管理平台应能适应综合管廊的管理模式，可采用物联网、GIS、BIM、巡检机器人和云计算等技术，将多个独立的综合管廊运营管理子系统集成为统一的智慧管理平台，以满足综合管廊监控管理、日常运维业务管理、安全报警、应急联动等要求。

针对城市综合管廊运营维护智慧化程度低、管理粗放化和难度大等问题，基于三维 BIM 技术和平台 GIS 引擎，深度融合"智慧线"系统和综合管廊机器人系统两大子系统，开发了建设单位、运维单位和管线单位等深度协同的综合管廊"智慧线＋机器人"智慧运维平台，具有综合管廊、出入口、巡检人员和巡检机器人等准确定位以及设备工作状态和能耗分析监控、运维安全智慧预警、动态灾情重构和应急救援辅助决策等功能；解决了综合管廊运维系统各自为政和管理难度大的问题，实现了综合管廊运维系统间的信息共享、数据联动和实时监控、智慧决策、精益管理，增强了运维人员安全，提高了智慧运维水平。

4.4.1　平台架构

综合管廊智慧运维平台是用户与现场的联系纽带，直接影响系统功能的发挥和用户体验，是系统的核心和灵魂。而平台架构的设计，则直接影响智慧运维平台的可靠性、安全性、可扩展性、灵活性等。

"智慧线＋机器人"智慧运维平台作为整个系统的核心，在整个系统运转过程中处于主导地位，各类功能和业务均由平台触发调动。机器人系统、环境监测系统、风机监控系统、水泵监控系统、照明监控系统等子系统，通过工业环网与智慧运维平台相连，实现指令下发和状态上传。

"智慧线＋机器人"智慧运维平台主体分为 6 层：基础设施层、接口管控层、数据中心层、服务支撑层、应用层和交互层。

（1）基础设施层

平台基础设施层包括环境监测、通风排水、消防火警、管线监测、照明、视频、机器人等子系统，既是数据的采集者也是任务的执行者。

（2）接口管控层

平台在接口管控层向下对接机器人系统、各个专业弱电子系统采集各类数据并进行远程控制，横向可对接智慧城市系统、入廊管线单位监测系统等。同时，接口管控层对接口质量进行监控，如有异常及时报警。

（3）数据中心层

平台在数据中心层实现对各类运行数据的分域集中存储、数据后处理与大数据分析服务。

（4）服务支撑层

平台在服务支撑层提供组织与权限、工作流引擎、知识库、GIS-BIM平台等基础应用服务。

（5）应用层

平台在应用层提供运行监控、应急指挥调度、运维管理、服务管理、组织管理、经营分析等六大子系统。

（6）交互层

平台支持WEB/APP/大屏等多种交互界面。

综合管廊"智慧线＋机器人"智慧运维平台架构如图4.4-1所示。

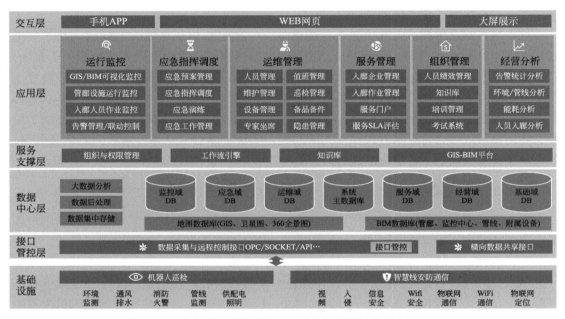

图4.4-1　综合管廊"智慧线＋机器人"智慧运维平台架构图

4.4.2　主要功能

从平台架构可以看出，综合管廊"智慧线＋机器人"智慧运维平台虽然定义为运维平台，但兼顾统一管理平台的所有功能，这里重点介绍智慧运维平台运维管理方面的功能业务。

1. 自动巡检

（1）自动巡检业务分析

平台根据综合管廊运营维护要求，下发相应的巡检任务，包括巡检日期及时间、巡检范围、巡检内容等。机器人按巡检任务要求自动巡检、实时上报巡检进度、任务完成后形成巡检报告。

巡检频次：原则上每天不少于2次；白天、夜晚各1次。机器人在"充电-巡检-充电-巡检"中循环工作。

巡检范围：平台给机器人设定的区域，原则上不跨舱。

巡检内容：环境参数（包括温湿度、氧气含量、硫化氢、一氧化碳、甲烷），电力电缆温度，墙体及地面裂缝、渗漏；桥架、支架、线缆脱落，照明灯具、消防电话、火报设备等，集水坑液位情况，环境（风机）噪声，标识、爬梯等。

巡检过程中，视频图像和红外图像实时回传至平台处理；平台可设置采样间隔，读取环境信息。当监测到环境参数异常时，平台根据运维策略弹出弹窗，经操作人员确认后，启动相应操作。

机器人根据剩余电量（或续航里程）结合工作状态，自动判断何时充电，在"充电-工作-充电"循环中实现"忙时工作，闲时充电"的调度策略，并尽可能缩短充电时间。

（2）巡检设置

1）巡检条目

通过接口获取机器人定制过的每一台设备的巡检动作内容，例如机器人厂家对 107 号设备（水泵）有两个巡检内容（外观完整性、锈蚀情况），如表 4.4-1 所示。

巡检条目举例　　　　　　　　　　　　　　　　表 4.4-1

编号	设备编号	设备类型	条目名称	巡检坐标
100	107	水泵	外观完整性	K0+123.5
102	107	水泵	锈蚀情况	K0+124.2

与传统平台巡检条目的最大区别在于，机器人巡检条目是针对每台设备的，而不是设备类的。机器人系统需要向智慧运维平台提交所有的巡检条目。机器人系统中针对每个巡检条目都会有特定不同的 AI 训练，不同的摄像机变焦，不同的机械臂位置等。

2）巡检点

将机器人的每一个定位点定义为巡检点。

3）巡检路线

可以创建、修改、删除巡检路线。巡检路线示意如表 4.4-2 所示。

巡检路线示意表　　　　　　　　　　　　　　　　表 4.4-2

轨道	路段	设备桩号	设备编号	设备类型	设备名称	条目编号	条目名称
水信舱轨道	芦花北路	NDK001	107	水泵	Pump1	100	外观完整性
电力舱轨道	芦花北路	NDK001	107	水泵	Pump1	102	锈蚀情况

对平台下发的一个巡检条目，机器人可以定义多个巡检点来执行。例如对一个水泵的完整性进行巡检，机器人可以采集 0°、90°、180°三个方位对水泵进行拍照分析、发现问题。

（3）巡检任务执行

1）巡检任务推送

巡检任务的推送所有巡检条目清单给机器人系统。机器人系统获取清单后首先对清单执行顺序进行排序，以提升巡检效率，减少机器人反复运动时间。

2）巡检任务执行结果反馈

机器人按照清单执行完成后，向智慧运维平台反馈执行结果。机器人系统需要完整反馈巡检任务中的所有条目巡检结果。遇异常情况时，机器人系统即时发送异常告警给智慧运维平台。

3）巡检结果统计分析

智慧运维平台将巡检结果按完成度、是否有异常等维度进行统计分析。

2. 自动伴巡

（1）自动伴巡业务分析

当运维人员需要进入综合管廊时，平台对入廊人员进行身份识别，并调度机器人实现伴巡，实时监测入廊人员、管廊环境状况，保障入廊人员安全。

伴巡模式下，机器人自动到人员出入口待命。待作业人员到达出入口后，机器人经定位卡及人脸识别逐一判断是否是合法人员；确认后即带领作业人员前往作业区域，否则将告警。

在伴巡过程中，机器人始终将入廊作业人员置于其视场内，并随时语音提醒警告信息，如"小心碰头""注意陡坡""小心侧方集水坑"等；地面监控人员通过平台可实时看到入廊作业人员的状态，保证入廊人员安全。

当作业完毕，或到达限定时间，机器人自动语音提醒，并清点、核对人员及数量；核对无误后即引导作业人员出廊，否则告警。

（2）伴巡业务场景

1）参观人员入廊

用户通过智慧运维平台制定伴巡任务，根据机器人定位信息，智慧运维平台调度机器人为本次参观任务执行者。机器人系统控制机器人到达人员出入口，到达出入口后，机器人自动打开摄像头，视频回传至智慧运维平台。用户通过智慧运维平台判断是否为计划人员，如果是，则参观人员入廊；若不是，智慧运维平台产生异常告警，参观任务结束。

2）作业人员入廊

作业人员入廊后开始作业，机器人伴巡。在此期间，智慧运维平台通过定位判断作业人员与机器人的距离是否超过10m；如果是，则机器人系统不断校准两者间的距离，控制机器人前往作业人员位置，直至机器人完成伴巡到达人员出入口。

3）作业人员出廊

作业人员任务完成，作业人员出廊。机器人回到待命点，智慧运维平台判断伴巡任务结束。

3. 入侵联动

（1）入侵联动业务分析

当有人非法入侵时，平台可通过"智慧线"全管廊入侵探测跟踪的能力，实时定位入侵者，并将位置同步给机器人，平台自动调度机器人前往相应位置，实现自动识别、抓捕、喊话、驱离等，并可根据"智慧线"系统记录的入侵者活动轨迹路线，通过机器人实现事件处理之后的现场清查。

当"智慧线"系统检测到无卡人员非法入侵时，综合管廊智慧运维平台可自动调动距离最近的机器人前往巡查；机器人到达入侵点附近，对入侵者进行拍照、录像并上传到平台，同时对照片进行识别，判断是否是内部人员还是外来入侵者。

当入侵告警是由内部人员造成的，监控人员可通过机器人上的摄像机进行实时查看，通过对讲系统喊话，查明原因后由机器人引导出廊。

当机器人靠近入侵者时，监控人员可通过摄像机、对讲系统喊话，要求入侵者待在原地，等待工作人员前来处理，此时机器人一直开启录像。

综合管廊智慧运维平台根据入侵轨迹自动进行现场清查，与最近一次的巡检影像资料进行综合比对，对可疑点进行告警提示并自动生成工单，经监控人员审核后进行后续处理。

（2）入侵联动业务流程

1）入侵来源

当"智慧线"监测到有人入侵之后，智慧运维平台弹窗告警，打开附近的固定摄像机，同时调度合适的机器人前往入侵区域并打开机器人所带摄像机，平台进行确认是否为人员入侵。

机器人遇到非工作人员，机器人把告警信息通过"智慧线"系统报给智慧运维平台，智慧运维平台通过 AI 识别进行确认是否为人员入侵。

2）报警确认

用户（监控中心工作人员）人工判断是否是真的入侵。

3）入侵处置

若不是入侵，则用户清除该入侵告警。

若是真的入侵，则智慧运维平台搜查找附近的人、机器人，选择并调度其前往查看；机器人打开其摄像机并跟踪入侵者，运维人员前往入侵地点处理。运维人员将入侵者驱离，智慧运维平台生成现场清查路线。现场人员清查完毕后，用户确认无误后，清除告警；同时机器人回到待命区或继续原来的工作，关闭附近的固定摄像机。

4. 施工监管

（1）施工监管业务分析

当有管线入廊施工作业时，机器人自动到人员出入口待命；待作业人员到达出入口后，机器人经定位卡及人脸识别逐一判断是否为合法人员；确认后即带领作业人员前往作业区域，否则将告警。

在导航过程中，机器人始终将入廊作业人员置于其视场内，并随时语音提醒警告信息，如"小心碰头""注意陡坡""小心侧方集水坑"等；地面监控人员通过平台可实时看到入廊作业人员的状态，保证入廊人员安全。

当施工人员散开时，机器人可按照预定策略，在廊内施工作业点来回巡查，以规范入廊人员的作业行为；当有施工人员发出求救信号时，机器人能第一时间自动到达现场，将呼救人员置于视场内。

当作业完毕或到达限定时间，机器人自动语音提醒，并清点、核对人员及数量，检查现场；核对无误后即引导作业人员出廊，否则告警。

（2）施工监管业务流程

1）制定任务

用户制定施工监管任务。智慧运维平台根据调度原则选择执行任务的机器人并发送任务至机器人系统。机器人系统向机器人发送指令，包括任务执行时间、入口、人员、工作区域、出发时间等。

2）人员入廊

机器人提前 10min 到达指定入口。作业人员到达指定入口后，由智慧运维平台结合机器人摄像机核实是否为计划人员；若是，则执行任务，否则生成告警，由监控人员人工核实。监控人员人工核实通过，则执行任务。监控人员人工核实未通过，则任务终止，人员不得入廊。

3）执行监管

人员核对无误后执行施工监管任务。

4）任务结束

作业截止时间到达，或者施工作业结束，由智慧运维平台结合机器人摄像机清点核实作业人员。若核实通过，则将作业人员带离出入口，否则生成告警，由监控人员人工核实。监控人员人工核实通过，则将作业人员带离出入口；监控人员人工核实未通过，则生成作业人员身份异常记录，将作业人员带离出入口；机器人回到待命区，本次任务结束。

5. 应急救援

（1）应急救援业务场景

当监测到廊内人员需要救援，或收到入廊人员 SOS 信号，"智慧线"系统实时定位人员位置，并通过"智慧线"系统的融合通信功能实现综合管廊内外沟通，机器人携带救援物资快速赶往需被救援人员位置，"里应外合"快速实施救援。

（2）应急救援业务流程

平台发生应急事件告警时，首先由人员确认告警的可靠性，验证可靠性的方法主要包括：

1）告警点附近摄像头视频确认；

2）告警点周边关联告警分析；

3）周边传感器状态关联性分析；

4）机器人现场确认；

5）人员现场确认等。

确认告警应急事件的处置流程：以发现火灾报警为例。平台通过对告警点附近摄像头、温度传感器、火灾报警关联设备告警分析，确认告警事件。如果通过常规手段不能最快确认火灾的真实性，可以指定机器人到现场进行确认。确认发生火灾后，可手动派机器人到达现场特定位置监控火情。与此同时，执行火灾应急预案。

6. 参观业务

（1）参观业务场景

当有参观接待任务时，管理人员事先将参观计划录入平台，明确时间、地点等信息，机器人提前到达指定地点待命。

参观过程中，机器人按既定任务执行巡检任务并能及时呈现巡检结果，也可在现场人员的操作下进行演示。

（2）参观业务分析

当综合管廊智慧运维平台下发或者预置参观任务时，机器人能根据作业人员的位置信息，执行参观任务。对于跨区域参观场景机器人，同轨道的机器人还需要有自动避让功能。

（3）参观业务流程

1）机器人到达出入口

① 机器人不在参观区

用户通过智慧运维平台制定参观任务，智慧运维平台根据定位信息调度选择机器人 A 为本次参观任务执行者，智慧运维平台判断机器人 A 是否在参观区域，如果不在，机器人系统则控制机器人 B 到达预先设定好的避让点，同时机器人系统控制机器人 A 到达人员出入口。

② 机器人在参观区

用户通过智慧运维平台制定参观任务，智慧运维平台根据定位信息调度选择机器人 A 为本次参观任务执行者，智慧运维平台判断机器人 A 是否在参观区域，如果在参观区域，机器人系统控制机器人 A 到达人员出入口。

2）参观开始

当系统控制机器人 A 到达人员出入口后，参观人员入廊，讲解人员用 App 控制机器人 A 进行如下动作：演示前后移动、云台控制等。讲解人员通过 App 控制播放预先设定在机器人中的讲解内容，通过 App 控制机器人进行巡检演示，机器人巡检完成以后将巡检结果呈现到 App。

3）机器人出廊

① 机器人避让

当参观结束后，智慧运维平台判断机器人 B 是否在避让点，如果在避让点，则机器人 A 需从参观终点回到最近待命点，接着机器人 B 回到另一待命点。最后智慧运维平台判断参观任务是否结束。

② 无机器人避让

当参观结束后，智慧运维平台判断机器人 B 是否在避让点，如果不是，则机器人 A 回待命点，之后智慧运维平台判断参观任务是否结束。

7. 充电业务

（1）充电业务场景

当机器人有充电需求，能产生符合逻辑的充电请求。保证机器人充电的及时性，同时需要确保多台机器人的充电先后顺序。当一台机器人正在充电，另一机器人需要到待命点待命。当机器人就绪充电完毕离站后能读取电表起始数据用于计算充电用电量。充电站供电、断电需要有自动控制以及异常告警功能。

考虑同一时间充电站繁忙的情况下有两台机器人等待充电；若等待过程中，电量耗尽（无法进入充电站）则作为异常处理。

（2）充电业务流程

1）充电申请

当机器人系统检测到该机器人续航里程小于距离充电站里程，便开始申请充电，反之不会产生充电请求。

2）充电站是否空闲

当机器人系统向智慧运维平台发出请求充电，智慧运维平台根据此请求判断充电站是否空闲。

3）机器人回站

① 机器人直接回站

当智慧运维平台判断充电站空闲，则机器人系统下发命令让机器人回站充电，机器人前往充电站；前往充电站过程中通过充电站导轨 20m 处的磁条校准，机器人减速，最终机器人进入充电站待命，回站完成。

② 机器人待命/回站

当充电站繁忙，机器人根据机器人系统命令在充电站指定位置待命。机器人前往指定点待命过程中，通过充电导轨 20m 处的磁条校准，机器人减速；在前往待命点或者到达待命点后，智慧运维平台继续判断充电站是否空闲，直至充电站空闲，最终机器人进入充电站待命，回站完成。

4）机器人就绪

机器人回站完成后，机器人系统给智慧运维平台发送该机器人充电已准备就绪。智慧运维平台处理数据，读取此刻充电站电表数据值。

5）充电站供电

① 充电站供电完成

智慧运维平台读取充电站电度表数值之后，给 SCADA 发送充电站供电调令，SCA-DA 控制充电站断路器合闸，充电站执行供电。SCADA 最终将判断断路器合闸是否有反馈；如果收到反馈已合闸，则充电站供电成功。

② 充电站供电异常处置

智慧运维平台读取充电站电表数值之后，给 SCADA 发送充电站供电调令，SCADA 控制充电站断路器合闸，充电站执行供电。SCADA 最终将判断断路器合闸是否有反馈；如果没有收到合闸反馈，则智慧运维平台产生供电异常告警。用户根据告警，需要去现场处理，如果故障无法处理，充电站置成故障，充电结束。

6）机器人充电

① 充电开始

充电站供电成功之后，智慧运维平台将充电站状态置成"充电/繁忙"，同时给机器人系统下发可以充电命令，机器人根据机器人系统命令执行充电。

② 充电完毕

开始充电直至充电完毕，机器人断开充电触头，随后机器人系统向智慧运维平台申请机器人离开充电站。智慧运维平台收到机器人离站请求后，读取此时充电站电表数值并计算本次充电用电量。

7）充电站断电

① 充电站断电完成

智慧运维平台读取充电站电表数值之后，给 SCADA 发送充电站断电调令，SCADA 控制充电站断路器分闸，充电站执行断电。SCADA 最终将判断断路器分闸是否有分反馈；如果收到反馈已分闸，则充电站断电成功。

② 充电站断电异常处置

智慧运维平台读取充电站电表数值之后，给 SCADA 发送充电站断电调令，SCADA 控制充电站断路器分闸，充电站执行断电。SCADA 最终将判断断路器分闸是否有分闸反馈；如果没有收到分闸反馈，则智慧运维平台产生断电异常告警。用户根据告警，需要去现场处理，如果故障无法处理，充电站置成故障，充电结束。

8) 机器人离站

当智慧运维平台收到充电站断电成功，同时下发给机器人系统离站命令，机器人系统处理命令，机器人执行出站；出站过程中反馈途径的校准点给机器人系统，机器人系统将机器人出站信息上报智慧运维平台，智慧运维平台将充电站状态置成"空闲"，本次充电结束。

8. 回站业务

综合管廊智慧运维平台对所有机器人进行统一调度，当每隔一定周期（半个月、1 个月或 1 个季度等）需要进行一次人工检修时，或当有参观时，机器人按照预设程序到达指定区域或位置就位待命；当检修完后，自动回到工作区待命。

检修站划分检修位置、等待区域。回站时，各机器人依次在等待区域排队接受检修；设置合理间隔，避免轨道局部负载过重。机器人检修完毕后，即自行离开检修位置回到工作位置；当检修位置空出时，后面的机器人自动补位。

机器人的检修内容主要为其本体，包括机械部分、电动部分、探测部分等。该检修内容为周期性工作，由平台根据检修工单、保养周期自动生成；检修完毕后，维修人员须在平台中填写相关维修信息，存档备查。

综合管廊智慧运维平台通过调度策略合理控制同轨道的多台机器人的位置、移动速度，以防碰撞。

4.4.3　人工智能引擎

利用"智慧线"融合通信系统提供的定位、通信能力，集巡检机器人和在线监测设备于一体，对综合管廊内的设备信息、环境信息、安防信息等进行全方位实时监控，可实现综合管廊内各类设备的自主巡视检测、运行数据实时监测、故障报警和应急处理等功能。

利用可见光与红外视频图像采集功能，机器人自动移动到指定位置，拍摄综合管廊内各种设备高清图像和红外热成像，平台人工智能引擎通过 AI 技术根据图像判断出综合管廊廊体及廊内各种管线、设备是否安全正常。实现综合管廊常规状况分析的同时，开展入廊人员的状态识别，包括实时进行人脸识别、不安全行为识别、非正常状态判断等，提升 AI 分析水平。

1. 人体识别

（1）功能场景

通过人体行为识别来判断是否有违章作业、是否发生意外（跌倒、呼救等）。

（2）主要功能

1) 精准定位人体的主要关键点，包含头顶、五官、颈部、四肢主要关节部位。

2) 能适应人体背面、侧面、中低空斜拍、大动作等复杂场景。

3）识别人体的 20 余类通用属性，包含性别年龄、服饰类别、服饰颜色、戴帽子、戴口罩、背包、手提物、使用手机等状态，识别人体跌倒、呼救、抽烟、破坏等不安全行为。

4）分析检测图像中人体数量较多，人体有轻度遮挡、截断等情况。

（3）识别原理

利用基于多位置卷积神经网络的端到端行为检测方法，解决检测方法中存在的问题。多位置卷积神经网络消除了额外的时序行为提名阶段和附加的特征提取阶段，仅在一个单阶段的网络框架中完成所有行为检测任务。该方法将所有计算封装到一个网络中，所有网络参数都可以端对端训练。与基于时序行为提名阶段和基于滑动窗口技术使用预先确定的短视频段作为输入不同，多位置卷积神经网络在时间维度上使用三维卷积和三维池化，使得网络能输入 GPU 显存允许的最大帧。

多位置卷积神经网络是一个多任务学习架构，同时高效地实现人体关键点检测、人体检测、语义分割等。抓取特征图后，采用多个阶段进行人体姿态的学习，在第一阶段得到不同关键点的热点图谱预测。

通过原理分析，应用到实际中可以在对视频的分析过程中判断人员行为是否为不安全行为。这类分析需要大量的实景数据进行训练积累，在综合管廊这种地下封闭环境中，人的安全以及人对管线的破坏是小概率高风险事件，通过 AI 分析保障无疑是事半功倍。

2. 人脸识别

（1）功能场景

通过人脸识别来判断是否是属于合法入廊人员、是否属于伴巡人员、是否属于求援人员等。

（2）主要功能

1）对人脸轮廓定位，对眉毛、眼睛、瞳孔、鼻子、嘴、额头等五官位置的精准定位。

2）对人脸五官及轮廓的精准定位，实现面部特征分析。

3）识别多种人脸属性信息，包括年龄、性别、颜值、表情、情绪、口罩、脸型、头部姿态、是否闭眼、是否佩戴眼镜、人脸质量信息及类型等。

4）对生活照、证件照、身份证芯片照、带网纹照、红外黑白照等图片类型的人脸对比。

3. 场景识别

（1）识别内容

1）墙体/地面裂缝；

2）墙体渗水；

3）地面积水；

4）支架缺失或位置异常；

5）异物识别（人、或其他杂物）；

6）设备位置异常（灯掉下来、摄像头位置偏移等）；

7）安全帽识别、未戴安全帽报警（分别佩戴红、黄、蓝、白颜色安全帽）；

8）设备或部件（灯、接地箱、电缆等）、温度异常（红外测温）；

9）异常噪声识别（敲击、滴水、流水、轨道异常等）；

10）明火识别（红外＋可见光综合判断）；

11）管线位置异常（下穿、平移等）；

12）设备缺损等；

13）管道、部件的锈蚀、损伤变形。

（2）识别重点

对图片中的主体，支持单主体检测、多主体检测。

4.4.4 平台应用

1. 运行监控

"智慧线＋机器人"智慧运维平台构建的"运行监控"模块，以电子地图形式展现整体综合管廊地下分布情况，将人员定位信息、告警信息落图，并引入巡检轨道机器人增加"机器人"模块、"任务概览"模块等，实现综合管廊内信息实时告警，操控机器人自动巡检、廊内环境数据实时监测回传，人员定位实时监控及视频语音廊内外互通的现代化运维体系。

地理信息系统（GIS）是一种具有信息系统空间专业形式的数据管理系统，是能进行空间数据的采集、储存、管理、运算、分析、显示和描述的计算机信息系统。GIS 核心特点是能够描述地形、经济、交通以及既有建筑的分布情况，能够使用任何坐标系来展示空间三维细节。GIS 可以应用地下管线的空间建模和数据叠加，一方面，通过 GIS 和遥感数据的集成，实现地下管线最优敷设路径的选取；另一方面，在 GIS 中集成管线的几何信息、人口密度以及相关安全事故等信息，可以实现周边建筑物、构筑物以及周边管线等的安全风险管理。综合管廊智慧运维平台 GIS 展示效果如图 4.4-2 所示。

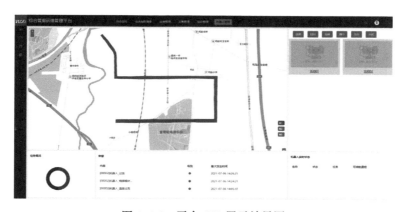

图 4.4-2 平台 GIS 展示效果图

通过 GIS 展示区域展示综合管廊各段、单舱人员、机器人定位等信息，右侧机器人操控区域，可对机器人下发回避、回站、检修、蹲守、充电、伴巡任务，可预览机器人当前实况画面，双击画面可进入机器人系统操作界面，机器人系统操作界面如图 4.4-3 所示。弹窗界面可实时观察机器人自动运转的状态，也可以切换模式，对机器人进行前进、后退旋转云台等操作。

图 4.4-3　机器人系统操作界面

2. 调度管理

通过巡检机器人协助，综合管廊入廊人员进行巡检工作将变得非常便利。机器人为巡检人员提供入廊前的有毒害气体实时监测、自动巡检智能分析廊内问题并报送控制中心和运维人员，可通过机器人实现运维人员与控制中心的视频和语音对讲等功能。

此外，消防机器人还要承担辅助综合管廊内消防灭火的工作。综合管廊内多机器人同时执行需要详细记录每个不同类型的机器人执行的调度任务记录；通过分析调度任务记录，可对廊内不同类型机器人进行周期性损耗检修维护；故对平台增加了机器人的调度管理模块，对廊内运维的全部机器人执行的全部调度任务进行全流程记录，如回站、回避、充电、检修、蹲守等任务，形成机器人的调度管理台账。

平台记录综合管廊内全部机器人执行的所有调度任务台账界面如图 4.4-4 所示，页面中，支持对数据的筛选，包括任务类型、机器人名称、任务状态、任务的开始日期和结束日期等。

调度管理							
--任务类型--	--机器人名称--	--任务状态--	--开始日期--	至	--结束日期--		查询
机器人编号	任务名称	机器人名称	任务类型	任务状态	开始时间	结束时间	操作
00001	检修	XJ00001	检修	执行中			取消

〈 1 〉

图 4.4-4　平台调度管理界面

通过平台的任务管理界面，可以对综合管廊进行自动巡检、自动伴巡、入侵联动、应急救援、参观等业务，界面如图 4.4-5 所示。

3. 应急救援

当综合管廊内人员发生危险时，平台通过移动终端向控制中心汇报。控制中心收到信

图 4.4-5 平台任务管理界面

息后，按照平台预置的应急处置方案，开展应急救援工作；应急救援包括廊内自动化运作和人工判断流程，可依据不同单位的处置流程及应急方案进行个性化配置；其中，自动化流程包括自动接通热线、自动清点人员、自动联动控制、自动附近找人、自动短信通知和自动生成逃生路线等，人工判断流程可依据不同单位应急救援处置方案进行个性化调整。

智慧运维平台以应急预案流程为核心，执行自动化处置动作，并指导值班人员完成人工处置动作。全方位支持事件态势监控、视频监控、流程指导与执行情况跟踪、自动/人工远程控制、人员疏散与入侵抓捕、语音/短信/视频通话协同。应急预案判断流程如图 4.4-6 所示。

监测到综合管廊内人员需要救援，或收到入

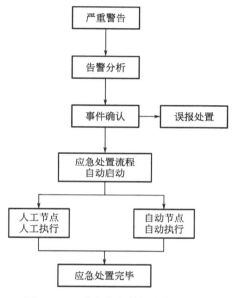

图 4.4-6 平台应急救援判断流程图

廊人员 SOS 信号，"智慧线"实时定位人员位置，并通过"智慧线"系统的融合通信功能实现综合管廊内外的沟通，机器人携带救援物资快速赶往需被救援人员位置，"里应外合"快速实施救援。

4. 系统融合

通过综合管廊内铺设"智慧线"＋专用基站的方式，解决了综合管廊内的通信瓶颈问题，基于"智慧线"提供地下综合管廊内 2Mbps＋300Mbps 带宽双模通信网络，实现融合通信服务。

智慧运维平台通过"智慧线"网络部署，还打通了机器人、移动终端、人员设备定位卡的数据和语音视频通信链路。

（1）机器人通信

平台打通了与机器人的实况视频语音通信。在机器人执行任务全过程中，实时查看自动巡检实况和红外温度摄像头探测实况，并实时监测传感器数据，为巡检人员入廊作业提供环境安全数据保障。机器人巡检效果如图 4.4-7 所示。

（2）机器人定位

平台通过双频网卡和"智慧线"实现机器人在综合管廊内的定位，定位精度 2～5m，

图 4.4-7　机器人巡检效果图

完全达到机器人自动巡检过程中的精度要求。在充电区、出入口、回避区以及特定的重点区域，机器人通过平台提供的位置达到大致区域，再通过定点的传感器进行精确定位。

巡检机器人定位模式在应用过程中既节省了建设成本，又安全可靠，符合智慧运维平台的应用定位。

（3）移动终端通信

平台支持与移动终端的语音电话、视频电话、文本消息通信，可让运维人员第一时间了解入廊人员作业情况，同时支持廊内多个终端互通。

移动终端在进入综合管廊内进行巡检或维修任务时，支持通过移动终端进行视频拍摄、照片拍摄、文本描述等信息实时回传控制中心平台，移动端界面如图 4.4-8 所示。

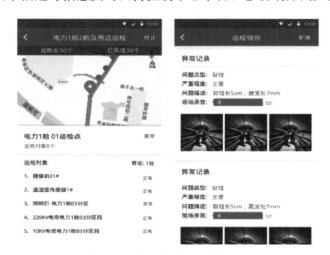

图 4.4-8　移动终端回传平台界面

5. 平台统计分析

智慧运维平台为实现管廊运维管理的精细化，对综合管廊内集中监控的内容进行了多维度统计分析。其中包括机器人使用的性能分析，尤其是对综合管廊内多品牌机器人的应用进行分析，为综合管廊运维单位在机器人后续优化建设方面提供有效支撑。

统计分析页面包含机器人运行里程对比、任务状态对比、告警次数对比、故障次数对比分析四个统计专题。

（1）运维里程分析

以柱状图统计各机器人运行里程对比情况，查询统计各机器人在相同时间段内的运行里程。根据开始时间、结束时间查询，可以跨月或者跨年查询。根据机器人名称查询各机器人在统计周期内的总运行里程。

（2）任务状态分析

以堆叠柱状图统计各机器人任务状态个数对比情况，查询统计各机器人在相同时间段内的任务状态个数对比情况。根据开始时间、结束时间查询，可以跨月或者跨年查询。根据机器人名称查询各机器人在统计周期内的任务状态个数，包括任务状态（执行、完成、未执行、取消等）。

（3）告警分析

以列堆叠柱状图统计各机器人告警次数对比情况，查询统计各机器人在相同时间段内的告警次数对比情况。根据开始时间、结束时间查询，可以跨月或者跨年查询。根据机器人名称查询各机器人在统计周期内的所有告警次数。

（4）故障分析

以列堆叠柱状图统计各机器人故障次数对比情况，查询统计各机器人在相同时间段内的故障次数对比情况。根据开始时间、结束时间查询，可以跨月或者跨年查询。根据机器人名称查询各机器人在统计周期内的故障次数及内容。

4.5 经济和社会效益

4.5.1 经济效益

综合管廊"智慧线＋机器人"智慧运维平台的应用效果主要体现在建设方面和运维方面。建设方面，以优化整体系统结构，降低巡检机器人部署成本，推进系统融合为主；运维方面，以降低运维成本，提高运维效率，增强运维人员的安全性为主。

这里主要进行巡检机器人成本分析。郑州经开区综合管廊，按单舱计算，总长约 11km，每公里设置巡检点位 100 处。运维效益分析如下：

1. 传统巡检模式

按每周完成一次巡检，采用两人伴随巡检模式。正常人行走为 0.5m/s，每个巡检点需要花费 2min 左右，经过防火门等特殊装置时需要 1min 左右。

单人单次巡检时间为：

$$11 \times 1000/(0.5\text{m/s} \times 60) + 1 \times 50 + 2 \times 100 \times 11 \approx 2617\text{min} \approx 43.6\text{h}$$

每天按 8h 工作制，人工时效转化率 90%，每人工作 22 天/月，则需要安排人力：

$$(43.6/(8 \times 0.9)) \times (30/22)/7 = 1.17 \text{ 人} \approx 2 \text{ 人}$$

但出于巡检安全，一般按两人伴随巡检，故至少需安排 4 人。

2. 机器人巡检模式

机器人巡检的效率按照 1 次/天设计。

每个巡检点花费时长约 1min（机器人从减速进入该点位并调整云台及双目位置到实现设备巡检）；穿越防火门约 1min（到点减速、取得与防火门控制器通信、对话允许后联动开门等过程）；非巡检模式下，运行速度为 1m/s。郑州经开区综合管廊共设置 2 台机器人，约每 5 公里 1 台。

单台单次巡检时间：

$$1×5000/60＋25＋1000＝1105.33min≈18.4h$$

机器人满电可运行巡检 6h，电量耗尽需充电 3h，则单次巡检后充电时约 2h，

故单台一次巡检总时间：18.4＋7＝25.4h。

机器人一天巡检次数：24/25.4≈1 次，考虑到锂电池使用时的损耗模式及计算误差，每天巡检次数约为 0.8 次/天。

3. 收益预测

如达到机器人的巡检频次，折算为人工巡检模式，巡检人员的成本按 12 万元/年·人考虑，增加人工成本计算如下：

巡检时间增加：43.6×(0.8×7－1)＝200.6h；

人力增加：(200.6/(8×0.9))×2×(30/22)/7≈11 人；

人工成本增加：11×12≈132 万元/年；

按目前市场价计算，综合管廊内布置一套机器人的成本大约在 190 万元/套。由于采用了"智慧线＋机器人"智慧运维平台，机器人建设成本降低了约 70 万元/套，郑州经开区综合管廊布置机器人 2 套，机器人一次投入设备成本约为 240 万元，直接节省建设成本约 140 万元。机器人应用寿命一般在 8~10 年，通过上面的计算预计节省的人力成本，约 2 年收回建设成本，第三年开始产生收益。

综上所述，综合管廊"智慧线＋机器人"智慧运维平台创造的经济效益主要体现在节约机器人入廊应用的建设成本，以及在高频次巡检模式下节约的人工成本。

4.5.2 社会效益

（1）综合管廊的巡检周期一般都在一周左右，因此，使用机器人巡检带来的效益更多的是效率和模式的提升，即从一周一次的离散型巡检模式变成了 24h 不间断的监管式巡检模式，极大提升了综合管廊运维的安全性。另外，在综合管廊内运用机器人巡检，不仅提高巡检频率，同时规避运维人员的安全风险。

（2）机器人能全面感知综合管廊温度及视频显示，能及时发现潜在事故点，提示人员预防性处理，预防安全事故发生；事故发生现场巡检，提高检修人员的安全性。

（3）平台提升了整个综合管廊运维管理的智慧化水平，降低了员工劳动强度，增强工作幸福感。平台的成功应用直接提升综合管廊运营管理的规格，为行业提供了一个运维管理的标杆，向行业发展提供了良好的探索经验。

综上所述，推广应用综合管廊"智慧线"＋"机器人"智慧运维技术与平台可取得显著的社会效益。

第5章

综合管廊高效建造与运维案例

选取郑州市民文化服务区综合管廊、郑州经开区综合管廊、雄安市民服务中心综合管廊工程，重点介绍现浇综合管廊高效建造技术、预制综合管廊高效建造技术、综合管廊智慧运维技术的应用情况，并分析总结了相关技术的工程应用效果和效益，以期为同类项目提供参考和借鉴，促进综合管廊工程高效地建造和运维。

5.1 现浇混凝土综合管廊—郑州市民文化服务区综合管廊

5.1.1 项目概况

郑州市被列入国家第二批综合管廊试点城市，由中建七局承建郑州市市民公共服务中心核心区9条道路等建设工程项目。中环廊工程是本项目的核心、重点工程，位于郑州市民文化服务区核心区中部，由主通道及8条出入口匝道组成。主通道分三层布置，上层为车行交通层，全长1.99km，采用单孔箱涵形式，4车道布置，标准段结构净宽15.5m。下两层为管廊层，全长2.03km，设置于行车层下方，上为夹层（检修层）下为管廊层；管廊断面由内向外包括电力舱、水信舱、备用舱、热力舱四舱，管廊层净高2.5～2.8m，夹层净高2.5m。车行交通层主要为其他区域与核心区地下停车设施的快捷联系通道，服务对象以周边商务、办公、购物出行车辆为主。下层管廊层将沿线的电力电缆、通信管道、给水管线，中水、直饮水等收廊处理。郑州市民文化服务区中环廊工程多舱多层综合管廊断面如图5.1-1所示。

中环廊主体结构多舱多层，结构复杂，同时又处于郑州城区边缘；施工区域内既有通信线路，电力线路、坟墓、房屋建筑等障碍物也较多，协调拆迁难度较大。在限定的工期内，为保证工程质量，采用常规的施工方法完成中环廊建设具有较大困难。针对上述难题，结合现场实际情况，采用多舱多层综合管廊施工技术，实现了中环廊高效率、高质量建造。

163

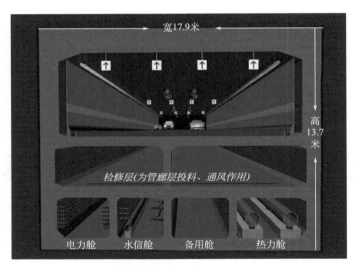

图 5.1-1 综合管廊结构标准断面图

5.1.2 关键技术应用

传统的混凝土箱涵结构支撑体系，多采用常规的钢管脚手架加碗扣式支撑架，施工难度大、工期长、且材料投入和损耗大，施工成本难以控制。郑州市民文化服务区多舱多层综合管廊主体结构管廊层采用了移动式液压钢模台车，行车层采用了承插型盘扣式支撑体系，侧墙模板均采用了组拼式大模板技术，有效保证了施工安全、质量、工期及成本。

完成垫层混凝土浇筑、防水卷材施工以及相关辅助工作后，即可进行中环廊主体结构的施工，根据工程设计相关要求、主体结构的施工工艺以及施工工期等多方面因素综合考虑，混凝土浇筑分五个阶段施工。综合管廊主体结构施工流程为：垫层→底板防水→底板混凝土浇筑→管廊侧墙、隔墙、夹层板混凝土浇筑→夹层侧墙、中板混凝土浇筑→主通道侧墙施工→顶板施工→结构外防水施工→基坑回填。

1. 管廊层液压钢模台车技术

中环廊主体结构管廊层断面由内向外包括电力舱、水信舱、备用舱、热力舱四舱，舱室净高 2.5～2.8m，净宽 3.3～4.4m；施工作业面狭小，支架搭设、模板安装难度较大。管廊层采用移动式液压钢模台车施工技术，一次组装，长期使用。按照各舱室中心线通过调节下部螺旋千斤顶及两侧调节丝杆来调节台车截面尺寸，模板通过两侧螺旋丝杠及下部螺旋千斤顶支撑固定，整体稳定性好；相邻两舱室模板采用止水拉杆连接，使各舱室模板台车形成整体。相比碗扣式支撑架，移动式液压钢模台车操作简单，舱室截面尺寸得到有效控制，有效避免了因杆件变形或受力不均造成的安全事故，保证了工程质量。

管廊层液压钢模台车如图 5.1-2 所示。

2. 行车层承插型盘扣支撑体系

中环廊主体结构行车层净高 5.1m，净宽 15.5m，顶板厚 1.3m，其支撑体系采用承插型盘扣式支撑架。行车层承插型盘扣式支撑架均采用 Q345 低碳合金结构钢，同比传统脚

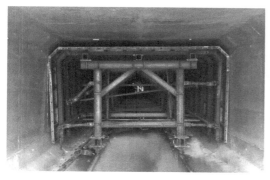

图 5.1-2　管廊层液压钢模台车

手架所用 Q235 普通钢管材质大幅提升，特别是立杆（$\Phi60\times3.2$）的承载力得到大幅度提升；单节段同比传统的脚手架少用 $1/3\sim1/2$ 的材料，大幅减少作业人员的工作量；同时盘扣式支撑架操作简单，有效提高了工作效率。行车层承插型盘扣式支撑架施工如图 5.1-3 所示。

图 5.1-3　行车层支撑架现场施工

5.1.3　工程成效

1. 经济效益

管廊层移动式液压钢模台车同比传统的碗扣支撑架搭设、模板安拆单节段节约 5 个工日，只需 $4\sim5$ 人采用简单的工具两天内完成台车脱模、截面尺寸调校、固定等工作，节省了大量安拆时间，工期缩短明显。行车层相同节段承插型盘扣式支撑架同比碗扣式支撑架所使用的立杆数量减少 35%，且构件标准化程度高，无零散易丢构件，材料损耗低，施工成本低。

移动式模板台车及承插型盘扣式支撑架应用在城市明挖空间多舱多层综合管廊施工中具有高效、快捷、安全、保质等特点，缩短了施工工期，节约了工程成本，取得了良好的经济效益。

2. 社会效益

中环廊工程建设将减少郑州市民文化服务区核心区地面车辆，营造洁净的地面环境，形成绿地、景观有机结合、统筹协调、功能完善、空间灵活的一体化空间。依托中环廊工程，形成明挖深基坑多舱多层综合管廊施工技术，可为今后类似城市地下综合管廊高效施工提供宝贵的经验。

通过移动式液压钢模台车施工技术的应用，工程质量得到了很大提升，受到了业主方和监理方的一致好评，也迎来了百余次社会各界相关单位的观摩学习，社会效益显著。

5.2 预制装配式综合管廊—郑州经开区综合管廊

5.2.1 项目概况

郑州经济技术开发区综合管廊工程位于郑州市区东南部滨河国际新城内，为河南省首条地下综合管廊。综合管廊位于道路中央绿化带或人行道下，分别布置在经开十二大街、经南九路、经开十八大街、经南十二路，总长 5.56km，设计使用年限 100 年。综合管廊工程总平面布置如图 5.2-1 所示。

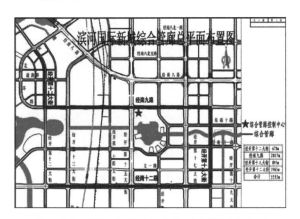

图 5.2-1 郑州经开区综合管廊总平面布置图

分段预制装配式综合管廊全长 106.194m，起止里程桩号：K1＋424.806～K1＋531；其中 91m 为标准预制断面，分 61 节进行预制安装，中间 15.2m 长的通风口暂不做预制施工。综合管廊断面形式为单箱双室钢筋混凝土结构，分为电力舱及热力舱两个舱；其中电力电缆、通信电缆、再生水管线、直饮水管线和给水管线共处一舱，供热管线单独安装在另一舱。分段预制装配式综合管廊构件如图 5.2-2 所示。

预制管节主体结构采用 C40 防水混凝土，抗渗等级为 P6，基础垫层采用 C15 混凝土。综合管廊管节尺寸为 6550mm×3800mm×1500mm（图 5.2-3），单根管节的理论重量约为 26.4t。管节间接口采用橡胶圈承插式；为保证安装拼接对齐和管廊整体性，管节精确定位后通过在张拉孔内穿钢绞线并张拉预应力固定。与现浇段搭接的端头管节预先埋设带钢边的橡胶止水带，通过现浇段混凝土浇筑连为整体。

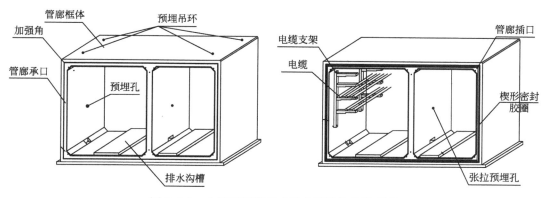

图 5.2-2　分段预制装配式综合管廊构件示意图

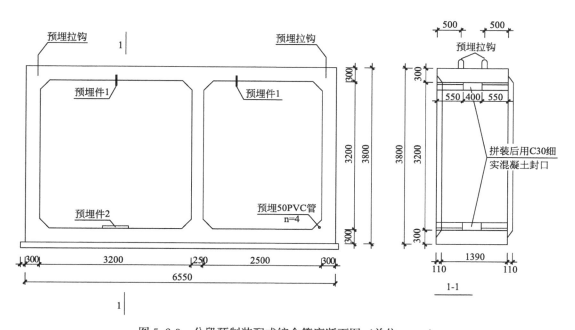

图 5.2-3　分段预制装配式综合管廊断面图（单位：mm）

5.2.2　关键技术应用

分段预制装配式综合管廊总体施工包括工厂预制以及现场安装，具体包括预制混凝土管节的设计、生产运输、安装施工、检验验收等。

1. 管节工厂预制

根据构件规格和运输条件，综合管廊混凝土预制管节生产方式分为工厂化作业模式和移动式现场预制模式。在工厂化作业模式中又有台座法生产和流水线制造之分，技术日臻成熟。

本项目分段预制装配式综合管廊的管节预制采取工厂化作业模式，可以实现精细化管理，产品质量有保证。管节工厂预制如图 5.2-4 所示。

(a) 钢筋骨架安装

(b) 模具安装

(c) 混凝土浇筑

(d) 管节吊运

图 5.2-4　管节工厂预制

2. 管节现场安装

分段预制装配式综合管廊管节预制完成后,通常采用运输车将综合管廊各节段运至现场,然后用起吊设备将其有序吊装就位。从后往前依次吊装各管节,调整管节从而满足精确定位的要求;同时进行接缝处涂胶施工,在整孔完成安装后,进行钢绞线预应力张拉。浇筑各孔端部的现浇段混凝土,处理变形缝,实现各段综合管廊体系的相互连续。

管节现场安装如图 5.2-5 所示。

5.2.3　工程成效

1. 经济效益

以预制管节为结构主体的分段预制装配式综合管廊,不仅大大降低了材料消耗,而且综合管廊结构具有优异的整体质量,防水性能和抗腐蚀能力强,使用寿命长。可实现标准化、工厂化预制件生产,不受自然环境影响,可以充分保证预制构件质量和批量化生产;现场装配施工可大大提高生产效率,降低建设成本。工厂化生产保证了综合管廊结构的尺寸准确性,同时也保证了预制装配式综合管廊安装的准确性;无需施工周转材料、无需占用大量材料堆场、施工时间大为减少,可有效降低综合管廊的建设成本。

2. 社会效益

分段预制装配施工技术发展引领着我国城市地下综合管廊建设的前行,加快了预制装配化技术的发展,工程装配化施工势必会成为未来国内综合管廊发展趋势。郑州经开区综

(a) 管节起吊

(b) 管节对接

(c) 管节粘贴止水胶条

(d) 管节预应力张拉

图 5.2-5 管节现场安装

合管廊作为河南省首条综合管廊工程，先后迎来了河南住房和城乡建设系统和全国市政系统共计万人以上的观摩和交流；并受到人民网、中国日报网、中国政府门户网、河南日报等权威媒体的高度肯定和宣传报道。

5.3 智慧运维综合管廊—雄安市民服务中心综合管廊

5.3.1 项目概况

雄安市民中心是雄安新区的首个标杆项目，不仅是数字化智慧城市的雏形和缩影，同时也是国际领先、具有中国特色的智慧生态示范园区。雄安市民服务中心在建设时重视地下空间的开发利用，打造新区智慧集约的示范性综合管廊系统。

雄安市民中心综合管廊总长 3.3km，形成"五横五纵"网络结构；包含复杂节点 120 多个，对运营管理系统构建提出很高要求。项目采用全覆盖的干线、支线和缆线三级耦合体系，入廊管线主要有给水管、再生水管、消防管、空调冷热水管、热水管、电力、通信共 7 种，同时将雨水调蓄设施与综合管廊合建。综合管廊采用 BIM＋GIS 的智慧运维系统，实现城市地下综合管廊的可视化运维，引入机器人自动巡检系统，可进行红外测温与故障报警，以及小型动物探测、有毒气体超限报警、温湿度超限报警、检测及数据报表分析等，实现自动化运营。

5.3.2 关键技术应用

1. 基于"BIM＋GIS"的综合管廊全方位智慧管控平台

综合管廊运营阶段，创新融合 BIM＋GIS，实现了设备设施的三维可视化运维管理。基于 BIM 和 GIS 技术搭建了从外部环境到综合管廊实体模型的全三维仿真界面，监控信息的展示效果好，直观性更强，如图 5.3-1 所示。通过智慧运维系统，运维人员可以在第一时间对故障设备进行诊断、维护，为雄安市民服务中心的可靠运营提供智能保障。

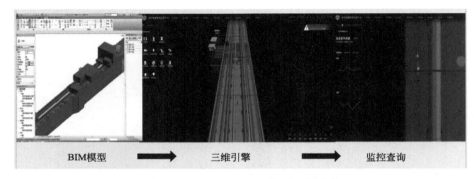

图 5.3-1　BIM＋GIS 三维可视化图形

基于"BIM＋GIS"的综合管廊全方位智慧运维平台可以实现建设单位、运维单位和管线单位等深度协同，如图 5.3-2 所示。智慧运维平台主要内容包括通信系统、综合安防系统、设备监控系统等，具有综合管廊、出入口、巡检人员和巡检机器人等的准确定位以及日常维护费分摊计算、设备工作状态和能耗分析监控、运维安全智慧预警、动态灾情重构和应急救援辅助决策等功能。

图 5.3-2　综合管廊智慧运维平台

2. 机器人智能巡检技术

随着人工成本的逐年提升，高效率、高精度、低成本的智能设备逐步进入综合管廊运营市场。项目示范段内安装了 100m 的智能巡检系统，采用智能巡检机器人替代人工巡检，如图 5.3-3 所示。集中测试验证了巡检机器人的基本性能指标，包括车速、动力、续航时间、通信传输、图像抓拍、自动巡航、自主充电等关键功能。

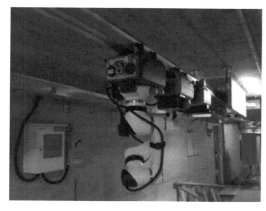

图 5.3-3　综合管廊智能巡检机器人

综合管廊智能巡检机器人具备明火识别、照明设备状态识别、渗漏水识别、异物识别、人员识别、设备温度异常识别、远程对讲等智能巡检功能。综合运用物联网、人工智能、云计算等信息技术，实现了综合管廊智能巡检，有效提高综合管廊的运行管理效率，及时发现综合管廊内各项设备的异常和故障情况，减少综合管廊灾害和事故的发生，降低了运维成本，提高了运维效率。

3. 三维 BIM 技术

雄安市民服务中心综合管廊从设计阶段引入 BIM 技术，在设计模型及施工图的基础上，土建、钢结构、机电、装饰等各专业对模型进行整体深化，并将信息集成传输到运维管理平台。项目钢结构构件、机电风管构件根据深化模型进行预制加工，工厂将 BIM 模型数据导入数字化生产设备中，自动生产出符合施工现场要求的预制构件。雄安市民服务中心综合管廊构件标准化库如图 5.3-4 所示。

碰撞检查是施工过程中非常重要的环节。雄安市民服务中心项目通过三维 BIM 可视化模型，进行错漏碰撞检查，找出设计与施工流程中的空间碰撞，并针对碰撞点进行优化，提高工程质量。

4. BIM＋FM 设备管理技术

平台采用 BIM＋FM（设施管理系统）理念，为每一个设备在 BIM 建模阶段编制唯一标识码，设备的资产台账、保养计划、维保记录、运行时间等信息与设备模型唯一关联，实现设备管理工作实时反馈和历史追溯，把控运维成本。

综合管廊日常运营工作量身打造的移动管理系统，增加综合管廊巡检管理、维护管理、备品备件等业务流程功能，可以轻松完成所有日常运维管理工作，大幅提升工作效率。业务系统如图 5.3-5 所示。

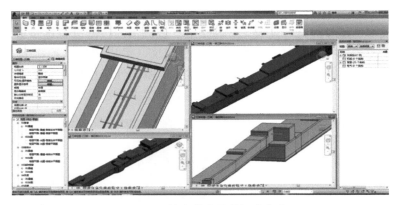

图 5.3-4　综合管廊构件标准化库

图 5.3-5　综合管廊智慧运维业务系统

5.3.3　应用效果

物联网、人工智能、云计算、BIM、GIS 等技术在综合管廊项目的应用，研发形成了综合管廊全方位智慧运维平台，解决了综合管廊运维系统各自为政和管理难度大的问题，实现了综合管廊运维系统间的信息共享、数据联动和实时监控、智慧决策、精益管理，增强了运维人员安全，提高了综合管廊工程运维的智慧化水平。同时引入综合管廊智能巡检机器人系统，可代替人员完成综合管廊内 24h 不间断巡查和危险报警；用科技手段辅助综合管廊监控，保障社会设施财产安全，降低了运维成本，全面提高综合管廊的管理效率，产生显著的社会和经济效益，具有广阔的推广应用前景。

第6章

综合管廊发展趋势与展望

　　"十三五"时期是城市地下综合管廊建设的高潮期,《全国城市市政基础设施建设"十三五"规划》提出,"十三五"期间全国建设城市综合管廊 8000km 以上。"十四五"时期是综合管廊高效建造与运维管理的关键时期,《国务院关于印发扎实稳住经济一揽子政策措施的通知》提出,因地制宜继续推进综合管廊建设,推动实施一批具备条件的管廊项目;综合管廊建设和运维发展前景广阔。

　　城市空间的开发和建设将更趋向于立体化、信息化以及生态化,综合管廊作为城市市政管线设施的集合体以及未来城市的生命主动脉,如何与城市开发和建设新的形式相协调,是综合管廊未来技术发展的方向。

　　(1)立体化:综合管廊的建设与地铁、地下商业综合体、地下隧道、人防工程等城市地下空间设施的建设同步,并与城市各功能服务区深度融合,对综合管廊的建设及构造形式提出更高要求。

　　(2)信息化:地下管线将利用综合管廊信息化、数字化、可视化的特点,全面实现信息化和智慧化管理。利用 BIM、GIS 等信息系统将原本看不见的地下管线变得看得见,有条件实现统一规划、统一建设、统一管理。

　　(3)生态化:综合管廊的建设融入海绵城市技术理念,构建大型雨水廊道和雨水调蓄设施,解决排水管径不足和内涝问题,满足城市应急防灾要求。

　　(4)模块化:预制装配式结构具有模块设计、缩短工期、质量优异、节约人工、环保节能等特点,在城市地下综合管廊工程中有巨大发展空间。

1. 综合管廊建设与地下工程相结合

　　随着地上空间趋向饱和,如何合理利用好地下资源成为需要探讨的问题。未来城市地下综合管廊随着前期规划的完善,综合管廊建设与其他地下工程相结合成为必然的趋势。目前国内已有部分结合的实例,如广州沿地铁十一号线综合管廊主线工程,与地铁线路共线段占全线长 70%,与地铁合并井 24 座,结合率达到 75%;采用地铁与综合管廊合建,将零散的出地面口部与地铁地面四小件整合考虑,大大减少了沿线的土地征用及房屋拆迁,节省大笔费用,同时设计、施工直接采用地铁勘察、管线等基础资料,起到节省工程造价、提高施工效率的作用。

三位一体（地下综合管廊＋地下空间开发＋地下环形车道）超大地下构筑物是以综合管廊作为载体，将地下空间开发与地下环形车道融为一体的地下构筑物，这种三位一体超大地下建（构）筑物的建设模式可以大幅度降低综合管廊的建设成本。目前北京通州区以及中关村等已经有了实际的工程应用，这种模式将会在综合管廊的快速发展中发挥重要的作用。

2. 综合管廊建设与 BIM 技术相结合

BIM 技术可以贯穿综合管廊的各个建设周期和运维阶段，通过 BIM 建模可以在前期解决好综合管廊净高能否满足要求，是否存在管线碰撞等问题；针对特殊节点，可以用 BIM 技术真实展示施工方案及场地规划等，能有效节约土地资源。根据 BIM 模型可以提取项目分项工程量，为项目成本控制提供依据；并且数据与模型实时联动，工程数量能随即修改，节省大量的人力。在运营后期，可以通过 BIM 管理平台实现可视化智慧运维管理；如利用设定路线在 BIM 中漫游，发现管线破损需更换时，可以通过 BIM 模型构件信息快速找到规格、材质等便于及时更换。

3. 快速绿色的预制装配式技术

目前综合管廊建设成本相对较高，今后如何提高综合管廊建设速度、质量、效益将是关注的焦点。现阶段综合管廊主要采用现浇建造方式，虽然这种技术相对较为成熟，但仍存在结构施工效率低、工程质量控制难、管线安装受限多、环境保护难度大等问题。

综合管廊建造采用预制装配技术无疑是提高工程质量、缩短工期、节省造价的有效方法。在现代化施工工艺中，预制装配技术的标准化与模块化趋势势在必行，能够有效降低施工过程中对资源和能源的消耗与浪费，实现绿色低碳建设。同时，能够有效改善工程建设中的技术水平，从而提升整体工程质量与施工工艺。尽管目前预制装配技术在接头防水、不均匀沉降方面仍存在一定的问题，在运输和吊装方面也会大大增加工程成本；但随着工业化、标准化的不断发展，预制装配技术必将给综合管廊发展带来巨大的发展空间。目前越来越多的技术创新在综合管廊预制装配过程得到应用，例如双页叠合墙综合管廊技术、喷涂速凝橡胶沥青防水涂料进行施工缝防水技术等。

4. 基于 BIM＋GIS 的全生命期智慧运维平台

目前，综合管廊运维管理主要以传统监控系统为手段，硬件架构上依靠综合管廊内的电气、仪表、网络设备等实现对综合管廊内环境质量、安全防范及消防等系统的集成，存在可靠性低、扩展性差等问题。软件架构上局限于对综合管廊内环境监控、视频监控、安防监控等简单整合，对综合管廊全生命周期内所涉及的建筑结构、设计图纸、设施设备、入廊管线等信息缺乏统一的表达和组织。

针对综合管廊运营维护智慧化程度低、管理粗放化和难度大等问题，开发建设单位、运维单位和管线单位等深度协同的综合管廊全生命周期智慧运维平台已成为发展趋势。智慧运维平台可采用物联网、GIS、BIM、巡检机器人和云计算等技术，将多个独立的综合管廊运维管理子系统集成为统一的管理平台，解决综合管廊运维系统各自为政和管理难度大的问题，满足综合管廊运维系统间的信息共享、数据联动和实时监控、智慧决策、精益管理的需求，保障运维人员安全，提高运维智慧水平。

5. 综合管廊智能生产和智能建造装备

随着综合管廊预制装配技术的发展以及机械设计制造的进步，一批适用于预制装配式综合管廊工厂生产以及现场施工的智能机械设备将会被研发出来，例如预制综合管廊装配和吊装设备等。目前国内部分综合管廊建造过程已经开始使用新型研发设备。对于一些适用于综合管廊的矩形顶管机及盾构机也将会随着综合管廊项目的不断增多而迅速发展。

城市地下综合管廊作为城市高质量发展的重要途径，已经形成现浇综合管廊、预制综合管廊等高效建造技术以及综合管廊机器人智能巡检、智慧运维平台等高效运维技术。未来，城市地下综合管廊的建设应深入贯彻国家碳达峰碳中和目标和绿色发展的理念，落实绿色建造、智能建造和装配式建筑等政策，进一步推进综合管廊的建造与运维向绿色高效方向发展。